Reforestación de Plantas Endémicas

Subtítulo:

Guía Práctica para el Manejo, Cultivo y Restauración Sostenible

Autor:

Alfonso Lemus Rodríguez

Reforestación de Plantas Endémicas

Guía Práctica para el Manejo, Cultivo y Restauración Sostenible

Autor:

Alfonso Lemus Rodríguez

Fecha de publicación: Noviembre del 2024.

Copyright © 2024 Alfonso Lemus Rodríguez

Todos los derechos reservados.

Ninguna parte de esta publicación puede ser reproducida, almacenada en sistemas de recuperación o transmitida de ninguna forma ni por ningún medio, sea electrónico, mecánico, fotocopia, grabación u otros, sin el permiso previo y por escrito del autor.

Este libro está protegido por las leyes de derechos de autor, y cualquier uso no autorizado de su contenido, total o parcial, constituye una infracción de las leyes internacionales de propiedad intelectual.

Primera edición: 2024

Para permisos especiales, consultas o colaboraciones, contacta al autor:
Alfonsolr65@gmail.com

Dedicatoria

A la tierra que nos da vida,

a quienes trabajan incansablemente por restaurarla,

y a las futuras generaciones que heredarán nuestro legado.

Que este libro inspire el amor por nuestras raíces

y el compromiso con la sostenibilidad.

Con gratitud,
Alfonso Lemus Rodríguez

Tabla de Contenidos

Introducción

Importancia de las plantas endémicas
Objetivo de este libro
Identificación de Plantas Endémicas

Métodos de reconocimiento
Herramientas para identificación
Recolección y Selección de Semillas

Reglas de recolección sostenible
Clasificación y almacenamiento
Germinación y Selección de Plántulas

Condiciones ideales de germinación
Criterios para la selección de plántulas saludables
Diseño y Planificación del Espacio

Factores a considerar
Ejemplos de diseño de parcelas
Técnicas de Plantación según el Terreno

Plantación en suelos arcillosos
Plantación en terrenos arenosos y montañosos
Herramientas Recomendadas para Plantación Masiva

Equipos básicos y avanzados
Consejos para maximizar eficiencia

Cuidados Posteriores y Prácticas de Mantenimiento

Protección de plántulas

Control de maleza

Riego Eficiente y Sostenibilidad Hídrica

Sistemas de riego recomendados

Estrategias para conservar el agua

Uso de Mulching para Conservación del Agua

Beneficios del mulching

Materiales más efectivos

Control de Plagas y Enfermedades

Métodos orgánicos y químicos

Identificación temprana de problemas

Poda, Fertilización y Crecimiento Saludable

Métodos de poda adecuados

Fertilizantes recomendados para especies endémicas

Mejora del Drenaje y Retención de Agua en el Suelo

Técnicas para terrenos con problemas de agua

Uso de hidrogel y otros materiales

Evaluación de Costos y Sostenibilidad

Cálculo de costos iniciales

Estrategias para proyectos a largo plazo

Conclusiones y Recomendaciones

Lecciones aprendidas
Próximos pasos para la reforestación sostenible
Resumen de Mejores Prácticas

Puntos clave del libro
Herramientas y estrategias más efectivas
Perspectivas para la Reforestación a Largo Plazo

Impacto ambiental y social
Rol de la comunidad
Referencias y Recursos

Fuentes bibliográficas y artículos científicos
Herramientas y contactos útiles para agrónomos

Agradecimientos

Este libro es el resultado de la colaboración, el apoyo y la inspiración de muchas personas y comunidades comprometidas con la conservación de nuestro entorno natural.

Quiero expresar mi más profundo agradecimiento a:

Las comunidades locales que han trabajado incansablemente para proteger y restaurar las especies endémicas de nuestra región, compartiendo su conocimiento y experiencia.

Los investigadores y especialistas cuyos estudios y dedicación han proporcionado las bases técnicas para esta obra.

Mi familia y amigos, quienes me han apoyado con paciencia y ánimo durante el proceso de investigación y escritura.

A los lectores, por su interés en este tema crucial. Ustedes son quienes pueden llevar este conocimiento más allá y hacer una diferencia significativa.

Finalmente, dedico este esfuerzo a la naturaleza misma, que nos enseña día a día la importancia de cuidar lo que nos rodea.

Con gratitud,
Alfonso Lemus Rodríguez

Alfonso Lemus Rodríguez es un apasionado defensor del medio ambiente y la sostenibilidad, con años de experiencia en proyectos de reforestación y conservación de plantas endémicas. Originario del Estado de Guanajuato México, Alfonso ha trabajado con comunidades locales para fomentar la restauración de ecosistemas nativos y promover prácticas agrícolas sostenibles.

Además de este libro, Alfonso es autor de otros títulos enfocados en el desarrollo comunitario, el emprendimiento y la protección ambiental. Es fundador de iniciativas como Por un Ozumbilla Mejor y creador del canal Ozumbilla TV, que se dedica a la difusión de la riqueza cultural y los esfuerzos de conservación en Tecámac.

Cuando no está investigando o escribiendo, Alfonso disfruta colaborar en proyectos educativos, explorar la biodiversidad local y compartir su conocimiento con quienes buscan un futuro más verde y sostenible.

¡Únete al Cambio!

La reforestación de plantas endémicas es más que una tarea ambiental; es un compromiso con el futuro de nuestro planeta y nuestras comunidades. Este libro es solo el comienzo de un viaje que podemos recorrer juntos.

¿Qué puedes hacer hoy?

Aplica lo aprendido: Implementa las técnicas de reforestación en tu localidad y comparte los resultados con tu comunidad.

Involúcrate: Únete a organizaciones locales de conservación, participa en eventos de reforestación o crea tu propio proyecto.

Comparte el conocimiento: Recomienda este libro a otras personas interesadas en hacer una diferencia positiva en su entorno.

Conéctate: Si tienes dudas, ideas o deseas colaborar en futuros proyectos, contáctame. Juntos podemos construir un impacto duradero.

¡Actúa ahora! Cada pequeña acción cuenta. Trabajemos juntos para restaurar la biodiversidad, proteger nuestro medio ambiente y construir un mundo más verde y sostenible.

Índice

Introducción………………………………………………………………… página 14

Importancia de las plantas endémicas en la reforestación…………….página 14

Beneficios ecológicos y económicos….   página 17

Preservación de biodiversidad …………………………………………página 19

Contexto local y global……………………………………………………página 21

Capítulo 1: Identificación de Especies Endémicas …………….página 24

Métodos para la identificación precisa………………………………….página 24

Herramientas tecnológicas y tradicionales………….   Página 28

Características clave de las especies locales…………………………página 28

Capítulo 2: Recolección y Selección de Semillas ……………….página 31

Épocas óptimas para la recolección……………………………………página 34

Criterios de calidad para la selección…………………………………..página 37

Conservación adecuada de semillas……………………………………página 41

Capítulo 3: Germinación y Cuidado Inicial……………………….página 45

Factores que afectan la germinación……………………………………página 49

Técnicas para aumentar el porcentaje de éxito…………………….página 52

Uso de hidrogel: ventajas y desventajas..página 56

Capítulo 4: Selección y Preparación de Plántula ....página 58

Evaluación de plántulas sanas.. página 61

Métodos para trasplante eficiente..página 64

Adaptación al medio ambiente local..página 67

Capítulo 5: Cultivo y Mantenimiento Inicial ....página 70

Preparación del suelo: materiales para retención y drenaje................página 74

Distancia ideal entre plantas..página 77

Fertilización recomendada en las primeras etapas..........................página 80

Capítulo 6: Plantación en Campo...página 83

Diseño y planificación del espacio..página 85

Técnicas de plantación según el tipo de terreno..............................página 87

Herramientas recomendadas para plantación masiva......................página 90

Capítulo 7: Cuidados Posteriores y Prácticas de Mantenimiento............página 93

Riego eficiente y sostenibilidad hídrica..página 96

Uso de mulching para conservación del agua..................................página 99

Control de plagas y enfermedades... .....página 102

Capítulo 8: Poda, Fertilización y Crecimiento Saludable página105

Tipos y momentos ideales de fertilización......................................página 111

Monitoreo del crecimiento y solución de problemas........................página 113

Capítulo 9: Tiempo de Cosecha y Desarrollo Completo....................página 116

Indicadores de madurez y aprovechamiento sostenible....................página 118

Tiempo estimado de germinación a cosecha..................................página 121

Capítulo 10: Errores Comunes y Cómo Evitarlos............................ página 124

Factores que entorpecen el desarrollo...página 129

Diagnóstico de problemas frecuentes..página 132

Estrategias correctivas.. Página 135

Capítulo 11: Innovaciones en Reforestación con Hidrogel y Nuevos Materiales 138

Tipos de hidrogel disponibles y su aplicación.................................. página 142

Mejora de drenaje y retención de agua en el suelo........................... Página 146

Evaluación de costos y sostenibilidad... . Página 148

Conclusiones y Recomendaciones.. Página 150

Resumen de mejores prácticas.. página 152

Perspectivas para la reforestación a largo plazo........................ página 154

Referencias y Recursos... página 157

Fuentes bibliográficas y artículos científicos.............................. página 159

Herramientas y contactos útiles para agrónomos........................página 161

Título del Libro: Reforestación de Plantas Endémicas

Subtítulo: Guía Práctica para el Manejo, Cultivo y Restauración Sostenible

Autor: Alfonso Lemus Rodríguez

Descripción del Libro

Este libro es una herramienta esencial para agrónomos, conservacionistas y cualquier persona interesada en preservar la biodiversidad. Aprenderás técnicas de reforestación efectivas, desde la identificación de plantas endémicas hasta el diseño de espacios, el manejo de recursos hídricos y la mejora del suelo.

Escrito en un lenguaje técnico pero accesible, este libro combina conocimientos científicos con prácticas sostenibles, ofreciendo soluciones prácticas para restaurar ecosistemas y fomentar la sostenibilidad a largo plazo. Ideal tanto para principiantes como para expertos en el campo de la reforestación.

Palabras Clave

Reforestación sostenible

Plantas endémicas

Conservación ambiental

Técnicas de reforestación

Biodiversidad local

Restauración ecológica

Manejo de suelos y agua

Categorías

Ciencias de la Tierra y el Medio Ambiente > Ecología

Hogar y Jardinería > Jardinería y Paisajismo > Medio Ambiente

Audiencia Objetivo

Agrónomos, ecologistas, estudiantes de ciencias ambientales, líderes comunitarios y personas interesadas en proyectos de conservación y reforestación.

Páginas del Libro 163

Fecha de Publicación: 2024

Idioma: español

Introducción

La reforestación de plantas endémicas representa una de las estrategias más efectivas para preservar la biodiversidad, combatir la erosión del suelo y restaurar ecosistemas degradados. Este libro está diseñado como una guía técnica especializada que aborda los procesos clave para implementar proyectos de reforestación exitosos, con un enfoque particular en el uso de especies nativas.

Importancia de las Plantas Endémicas

Las plantas endémicas poseen adaptaciones únicas al clima, suelo y ecosistemas locales, lo que las convierte en piezas fundamentales para la regeneración ecológica. Estas especies no solo ofrecen ventajas ambientales, como la protección de fuentes de agua y la mejora de la calidad del suelo, sino que también contribuyen a la sostenibilidad económica y social mediante el fortalecimiento de comunidades rurales.

En un contexto global de crisis ambiental, la reforestación con especies locales tiene el potencial de revertir los efectos del cambio climático y la pérdida de hábitats. Sin embargo, su implementación requiere un conocimiento técnico riguroso y una planificación estratégica.

Objetivo del Libro

Este libro tiene como propósito proporcionar un marco completo para llevar a cabo proyectos de reforestación de plantas endémicas, desde la identificación de especies hasta su cultivo y mantenimiento. A través de un lenguaje técnico especializado en agronomía, se ofrece una guía paso a paso basada en las mejores prácticas científicas y la experiencia práctica en el campo.

¿A quién va dirigido?

Este libro está diseñado para agrónomos, ecologistas, ingenieros forestales, agricultores, estudiantes y cualquier persona interesada en contribuir al equilibrio ambiental mediante la reforestación.

Estructura del Contenido

En las siguientes páginas, exploraremos cada etapa del proceso de reforestación, incluyendo:

Métodos de identificación y recolección de semillas de alta calidad.

Técnicas avanzadas de germinación y cuidado de plántulas.

Diseño de plantaciones sostenibles y prácticas de mantenimiento a largo plazo.

Innovaciones como el uso de hidrogel y materiales que optimizan el manejo del agua en el suelo.

Una responsabilidad compartida

Reforestar con plantas endémicas es más que un esfuerzo técnico; es una labor que requiere compromiso ético y visión de futuro. Este libro busca no solo informar, sino también inspirar a quienes se embarcan en la noble misión de devolverle a la tierra su riqueza natural.

Comencemos este viaje hacia la restauración de nuestros ecosistemas y la construcción de un legado sostenible para las generaciones venideras.

Importancia de las plantas endémicas en la reforestación

La reforestación con plantas endémicas es una estrategia clave para enfrentar los desafíos ecológicos actuales, ya que estas especies desempeñan un papel único en la recuperación de los ecosistemas locales. Al estar adaptadas de manera natural a su entorno, las plantas endémicas garantizan mayores tasas de éxito en proyectos de reforestación y ofrecen beneficios tanto ambientales como sociales y económicos.

1. Contribución a la Biodiversidad Local

Preservación genética: Las plantas endémicas ayudan a mantener la diversidad genética de un ecosistema, lo cual es esencial para su resiliencia frente a enfermedades, plagas y cambios climáticos.

Soporte para la fauna nativa: Estas plantas sirven como hábitat y fuente de alimento para especies animales locales, manteniendo el equilibrio en las cadenas alimenticias.

2. Adaptación a las Condiciones Locales

Resistencia natural: Las especies endémicas están adaptadas a los suelos, precipitaciones, temperaturas y demás factores ambientales del lugar, lo que reduce la necesidad de insumos como fertilizantes o riego intensivo.

Mayor resiliencia: Su capacidad de sobrevivir en condiciones extremas las hace ideales para proyectos de reforestación en zonas áridas o degradadas.

3. Restauración de Ecosistemas

Prevención de erosión: Al estabilizar los suelos, las raíces de las plantas endémicas reducen la pérdida de sedimentos y mejoran la capacidad de retención de agua.

Ciclo de nutrientes: Estas plantas enriquecen el suelo al devolver nutrientes esenciales y mejorar su estructura.

4. Beneficios Sociales y Económicos

Reducción de costos: Los proyectos que emplean plantas endémicas suelen requerir menos mantenimiento, reduciendo significativamente los costos a largo plazo.

Fomento de economías locales: La recolección de semillas, el cultivo y la comercialización de estas especies pueden generar empleos en comunidades rurales.

Cultura y patrimonio: Muchas especies endémicas tienen un valor cultural, medicinal o simbólico que fortalece la identidad de las comunidades locales.

5. Mitigación del Cambio Climático

Secuestro de carbono: Las plantas endémicas contribuyen a la captura de dióxido de carbono, ayudando a reducir los niveles de gases de efecto invernadero en la atmósfera.

Regulación hídrica: Al mejorar la infiltración de agua y recargar acuíferos, estas plantas promueven una mejor gestión del recurso hídrico.

6. Evitar Especies Invasoras

Impactos negativos de especies exóticas: Las plantas no nativas pueden competir con las endémicas, alterar el equilibrio ecológico y, en algunos casos, convertirse en invasoras que perjudican los ecosistemas.

Proyectos sostenibles: Al usar especies endémicas, se evita el riesgo de introducir especies que podrían desestabilizar el medio ambiente local.

La reforestación con plantas endémicas no solo es una estrategia ecológica inteligente, sino también una acción esencial para garantizar un futuro sostenible. Su importancia radica en su capacidad para regenerar paisajes degradados, promover la biodiversidad y fortalecer tanto los ecosistemas como las comunidades que dependen de ellos.

Beneficios Ecológicos y Económicos de las Plantas Endémicas

El uso de plantas endémicas en la reforestación no solo contribuye a la restauración de los ecosistemas, sino que también genera importantes beneficios económicos, especialmente en comunidades locales. Su integración en proyectos de manejo sostenible del paisaje es esencial para combinar la conservación ambiental con el desarrollo socioeconómico.

Beneficios Ecológicos

Preservación de la Biodiversidad

Soporte a la fauna nativa: Estas plantas son el sustento de polinizadores, aves, y otros animales autóctonos que dependen de ellas para su alimentación y refugio.

Diversidad genética: Conservan la genética adaptada a las condiciones locales, vital para la resiliencia de los ecosistemas frente al cambio climático y enfermedades.

Regeneración del Suelo

Prevención de la erosión: Sus sistemas radiculares profundos estabilizan el suelo y evitan su pérdida por acción del viento o agua.

Aporte de materia orgánica: Las hojas caídas y otros desechos vegetales mejoran la fertilidad y estructura del suelo.

Gestión Hídrica

Retención de agua: Las plantas endémicas mejoran la infiltración y recarga de acuíferos, ayudando a mantener un ciclo hídrico equilibrado.

Mitigación de inundaciones: Actúan como barreras naturales que reducen el escurrimiento superficial.

Contribución al Ciclo de Carbono

Secuestro de carbono: Al absorber CO_2 durante la fotosíntesis, contribuyen a la mitigación del cambio climático.

Reducción de gases de efecto invernadero: Sus beneficios acumulativos tienen un impacto positivo a largo plazo.

Beneficios Económicos

Reducción de Costos Operativos

Menores requerimientos de insumos: Al estar adaptadas al entorno, las plantas endémicas requieren menos riego, fertilizantes y pesticidas en comparación con especies exóticas.

Mayor supervivencia: Su alta tasa de éxito en condiciones locales minimiza la necesidad de replantaciones frecuentes.

Generación de Empleo Local

Cultivo y recolección de semillas: La producción de material vegetal fomenta actividades económicas sostenibles en comunidades rurales.

Mantenimiento de proyectos: La contratación de personal para la siembra, cuidado y monitoreo impulsa la economía local.

Diversificación de Productos Derivados

Usos comerciales: Muchas plantas endémicas ofrecen materias primas para la producción de alimentos, medicinas, cosméticos y artesanías.

Aprovechamiento turístico: Paisajes reforestados con especies nativas pueden atraer turismo ecológico.

Incremento del Valor del Terreno

Mejora del paisaje: Terrenos reforestados con plantas endémicas tienden a tener mayor valor económico debido a su atractivo estético y su aporte a la calidad ambiental.

Servicios ambientales: Los propietarios pueden beneficiarse de incentivos económicos por conservación, como pagos por servicios ecosistémicos.

Mitigación de Riesgos Ambientales

Reducción de daños por desastres naturales: Al prevenir la erosión y manejar el agua eficientemente, se disminuyen los costos asociados a inundaciones y deslizamientos.

Conclusión

El uso de plantas endémicas en la reforestación combina los beneficios ecológicos de preservar y restaurar el entorno natural con oportunidades económicas para las comunidades locales. Este enfoque asegura que los proyectos no solo sean ambientalmente sostenibles, sino también financieramente viables, generando un impacto positivo tanto a corto como a largo plazo.

Preservación de la Biodiversidad mediante Plantas Endémicas

La biodiversidad es esencial para la estabilidad y el funcionamiento de los ecosistemas, ya que cada especie, desde los microorganismos del suelo hasta los grandes árboles, desempeña un papel específico en el equilibrio del medio ambiente. Las plantas endémicas son cruciales para la conservación de la biodiversidad, debido a su estrecha relación con otras especies locales y su papel en los procesos ecológicos.

1. Soporte a las Redes Tróficas Locales

Las plantas endémicas proporcionan alimento y refugio a numerosas especies de fauna nativa, como polinizadores, aves y pequeños mamíferos. Su desaparición podría interrumpir estas interacciones, desencadenando efectos negativos en toda la red alimentaria.

Relaciones específicas: Muchas plantas endémicas tienen asociaciones únicas con insectos polinizadores o dispersores de semillas, lo que asegura la reproducción de ambas especies.

Estabilidad ecológica: Al mantener estos vínculos, se preserva la complejidad y resiliencia del ecosistema.

2. Diversidad Genética como Base de Resiliencia

Adaptación a cambios ambientales: Las plantas endémicas poseen genes adaptados a condiciones específicas de su región, como suelos pobres, climas extremos o baja disponibilidad de agua.

Futuro sostenible: Conservar la diversidad genética de estas especies es vital para la adaptación de los ecosistemas al cambio climático y otros desafíos globales.

3. Regulación de Procesos Ecosistémicos

Ciclo de nutrientes: Las plantas endémicas participan en la descomposición de materia orgánica y el reciclaje de nutrientes, mejorando la fertilidad del suelo.

Manejo del agua: Sus sistemas radiculares están adaptados para optimizar la infiltración de agua y evitar la erosión, beneficiando la hidrología local.

4. Protección contra Especies Invasoras

Las plantas endémicas crean barreras naturales contra el avance de especies exóticas invasoras, que pueden alterar los ecosistemas al competir con las nativas por recursos.

Equilibrio ecológico: Al promover la recuperación de las especies locales, se reduce el riesgo de dominancia de invasoras que perjudican la biodiversidad.

Efectos sinérgicos: La presencia de plantas endémicas fortalece el ecosistema al favorecer la proliferación de especies nativas complementarias.

5. Conservación Cultural y Científica

Valor patrimonial: Muchas plantas endémicas tienen un significado cultural y medicinal importante para las comunidades locales, lo que refuerza su identidad y tradiciones.

Investigación científica: Estas especies son fuentes de conocimiento para el desarrollo de nuevos medicamentos, materiales y tecnologías sostenibles.

Importancia a Largo Plazo

La preservación de la biodiversidad mediante el uso de plantas endémicas no solo protege a las especies locales, sino que también asegura la funcionalidad de los ecosistemas, de los cuales depende directamente la vida humana.

Mitigación de desastres naturales: Ecosistemas diversos con plantas endémicas son más resistentes a perturbaciones como sequías, inundaciones o plagas.

Conservación global: Al mantener ecosistemas locales saludables, se contribuye a la estabilidad ambiental planetaria.

Conclusión

La incorporación de plantas endémicas en proyectos de reforestación es fundamental para garantizar la preservación de la biodiversidad. Su protección no solo beneficia al medio ambiente, sino también a las comunidades humanas, quienes dependen de ecosistemas ricos y funcionales para su bienestar y desarrollo.

Contexto Local y Global de la Reforestación con Plantas Endémicas

La reforestación con plantas endémicas cobra relevancia tanto a nivel local como global debido a su impacto en la conservación de la biodiversidad, la mitigación del cambio climático y la restauración de ecosistemas degradados. Aunque los objetivos y desafíos pueden variar entre regiones, el uso de especies nativas es una estrategia efectiva para abordar problemas ambientales y sociales en diferentes escalas.

1. Contexto Local

a) Impacto en la Comunidad y los Ecosistemas Locales

Recuperación de espacios degradados: En zonas donde la deforestación ha sido severa, las plantas endémicas son clave para restaurar el equilibrio ecológico.

Adaptación a condiciones específicas: Las plantas endémicas están ajustadas a los microclimas, tipos de suelo y regímenes hídricos locales, asegurando una mejor integración en el entorno.

b) Fortalecimiento de las Economías Locales

Generación de empleos: La recolección de semillas, el cultivo y el mantenimiento de plantas nativas fomentan actividades económicas sostenibles en las comunidades.

Valorización cultural: Muchas plantas endémicas tienen un significado cultural o medicinal para las comunidades indígenas, promoviendo la conservación del conocimiento ancestral.

c) Prevención de Desastres Naturales

Protección contra la erosión: En regiones vulnerables a inundaciones o deslizamientos de tierra, las plantas endémicas estabilizan el suelo y reducen riesgos.

Manejo hídrico local: Mejoran la infiltración del agua y recargan acuíferos, beneficiando a las comunidades rurales que dependen del agua subterránea.

d) Educación y Conciencia Ambiental

Sensibilización comunitaria: Involucrar a las comunidades en proyectos de reforestación ayuda a generar una mayor conciencia sobre la importancia de conservar su entorno.

Proyectos educativos: Las escuelas y organizaciones locales pueden utilizar estas iniciativas como herramientas para enseñar ecología y sostenibilidad.

2. Contexto Global

a) Lucha contra el Cambio Climático

Secuestro de carbono: La reforestación con plantas endémicas contribuye a la captura de dióxido de carbono, ayudando a mitigar los efectos del calentamiento global.

Protección de sumideros de carbono: Los ecosistemas restaurados con plantas nativas, como bosques y humedales, desempeñan un papel crucial en la regulación climática global.

b) Conservación de la Biodiversidad Global

Reducción de la pérdida de especies: La reforestación con plantas endémicas contrarresta la extinción masiva de especies causada por la degradación del hábitat y la deforestación.

Conexión de corredores biológicos: En un contexto global, estos proyectos facilitan la movilidad de especies, promoviendo la estabilidad de los ecosistemas.

c) Cumplimiento de Objetivos Internacionales

Acuerdos ambientales: Iniciativas locales de reforestación contribuyen al cumplimiento de acuerdos internacionales como el Convenio sobre la Diversidad Biológica (CDB) y los Objetivos de Desarrollo Sostenible (ODS) de la ONU.

Compromisos climáticos: Países con metas de reducción de emisiones de gases de efecto invernadero utilizan la reforestación como una herramienta para alcanzar sus compromisos.

d) Impacto Económico Global

Inversión en proyectos sostenibles: Programas internacionales financian proyectos de reforestación como parte de sus estrategias de desarrollo sostenible.

Ecoservicios globales: La conservación de ecosistemas locales repercute en la calidad del aire, el ciclo del agua y la estabilidad climática a escala planetaria.

Interconexión entre lo Local y lo Global

Las acciones locales, como la reforestación con plantas endémicas, tienen un impacto acumulativo en el contexto global. Cada planta sembrada en una comunidad contribuye a la restauración de ecosistemas, la mitigación del cambio climático y la conservación de la biodiversidad mundial. A su vez, los desafíos globales, como el cambio climático, exigen soluciones adaptadas a las realidades locales, destacando la importancia de las plantas endémicas en la resiliencia ambiental.

Conclusión

El contexto local y global de la reforestación con plantas endémicas está profundamente interconectado. Mientras que las comunidades locales se benefician directamente de ecosistemas más saludables, el planeta en su conjunto experimenta los efectos positivos de la restauración ambiental. Este enfoque dual permite abordar problemas específicos al tiempo que contribuye a soluciones globales sostenibles.

Capítulo 1: Identificación de Especies Endémicas

Métodos para la identificación precisa

La identificación precisa de especies endémicas es un proceso esencial en la conservación de la biodiversidad. Las especies endémicas, aquellas que se encuentran exclusivamente en una región geográfica específica, requieren métodos rigurosos para garantizar su correcta clasificación. A continuación, se describen los métodos más utilizados:

1. Observación de Campo

Descripción: Implica la identificación directa de las especies en su hábitat natural.

Técnicas: Uso de guías de campo, observación de características morfológicas (forma, color, tamaño).

Ventajas: Permite una evaluación inmediata de las condiciones ecológicas.

Limitaciones: Depende de la experiencia del investigador y puede ser difícil en áreas remotas.

2. Análisis Morfológico

Descripción: Comparación de características físicas, como estructura corporal, patrones de coloración y dimensiones.

Instrumentos Utilizados: Lupas, microscopios, cámaras de alta resolución.

Ventajas: Métodos tradicionales ampliamente aceptados.

Limitaciones: Puede ser complicado distinguir entre especies con morfologías similares.

3. Identificación Genética

Descripción: Utiliza análisis de ADN para identificar diferencias genéticas entre especies.

Técnicas Principales:

Código de Barras de ADN (DNA Barcoding): Secuencia corta de ADN estandarizada.

PCR (Reacción en Cadena de la Polimerasa): Amplificación de fragmentos específicos de ADN.

Ventajas: Alta precisión, incluso en etapas larvarias o fragmentos incompletos.

Limitaciones: Costos elevados y necesidad de laboratorios especializados.

4. Análisis Bioacústico

Descripción: Identificación basada en sonidos emitidos por las especies, como cantos de aves o llamados de anfibios.

Técnicas: Grabación y análisis de audio mediante software especializado.

Ventajas: Útil para especies difíciles de observar directamente.

Limitaciones: Requiere conocimiento previo de los patrones acústicos de la especie.

5. Uso de Herramientas Tecnológicas

Descripción: Integración de tecnologías como cámaras trampa, drones, y sistemas de información geográfica (SIG).

Ventajas: Permite la recopilación de datos en tiempo real y en áreas de difícil acceso.

Limitaciones: Alto costo y necesidad de formación técnica.

Estos métodos, utilizados en combinación, garantizan una identificación más precisa de las especies endémicas. La correcta identificación es fundamental para la implementación de estrategias de conservación y para comprender mejor los ecosistemas locales.

Herramientas tecnológicas y tradicionales

La identificación precisa de especies endémicas requiere una combinación de herramientas tecnológicas avanzadas y métodos tradicionales. Ambas aproximaciones tienen sus fortalezas y limitaciones, pero su integración optimiza la precisión y eficiencia del proceso.

Herramientas Tradicionales

1. **Guías de Campo y Claves Taxonómicas**
    - **Descripción:** Libros o documentos que proporcionan descripciones detalladas de especies, incluyendo ilustraciones y claves dicotómicas.
    - **Uso:** Permiten identificar especies a través de características visibles como forma, tamaño y color.
    - **Ventajas:** De bajo costo, accesibles en campo, no requieren equipo sofisticado.
    - **Limitaciones:** Pueden ser imprecisas en caso de variabilidad morfológica o cuando las especies son crípticas.
2. **Análisis Morfológico**
    - **Instrumentos Utilizados:** Lupas, microscopios ópticos, reglas, calibradores.
    - **Aplicación:** Detalla las características físicas, desde la estructura externa hasta detalles microscópicos.
    - **Ventajas:** Método probado y ampliamente aceptado en taxonomía.
    - **Limitaciones:** Exige un conocimiento profundo de la anatomía y taxonomía del grupo estudiado.
3. **Observación Directa**
    - **Descripción:** Identificación visual en el hábitat natural.
    - **Herramientas:** Binoculares, cuadernos de campo, cámaras básicas.
    - **Ventajas:** Permite un registro inmediato de las especies y su comportamiento.
    - **Limitaciones:** Influenciada por las condiciones ambientales y la experiencia del observador.

Herramientas Tecnológicas

1. **Cámaras Trampa**
    - **Descripción:** Dispositivos automatizados que capturan imágenes o videos al detectar movimiento.
    - **Aplicación:** Monitoreo de fauna terrestre, especialmente especies esquivas o nocturnas.
    - **Ventajas:** Permiten observación no invasiva y recopilan datos en periodos prolongados.
    - **Limitaciones:** Dependencia de baterías y posibilidad de fallos técnicos.
2. **Drones**
    - **Descripción:** Vehículos aéreos no tripulados equipados con cámaras y sensores.
    - **Aplicación:** Monitoreo de ecosistemas, identificación de hábitats y conteo de especies en áreas inaccesibles.
    - **Ventajas:** Cobertura amplia y capacidad para captar imágenes aéreas detalladas.
    - **Limitaciones:** Altos costos y necesidad de capacitación para su manejo.
3. **Análisis Genético (DNA Barcoding)**

- **Descripción:** Identificación basada en secuencias cortas de ADN específicas de cada especie.
- **Aplicación:** Útil para diferenciar especies morfológicamente similares o en etapas larvales.
- **Ventajas:** Alta precisión y capacidad de identificar fragmentos incompletos.
- **Limitaciones:** Requiere laboratorios y es costoso.

4. **Sistemas de Información Geográfica (SIG)**
   - **Descripción:** Software para mapear y analizar la distribución geográfica de especies.
   - **Aplicación:** Estudios de distribución de especies y hábitats críticos.
   - **Ventajas:** Facilita la planificación de estrategias de conservación.
   - **Limitaciones:** Necesidad de datos geográficos precisos y conocimiento técnico.

5. **Software de Análisis Bioacústico**
   - **Descripción:** Herramientas como Raven Pro o Kaleidoscope para analizar patrones sonoros de especies.
   - **Aplicación:** Identificación de especies a través de sus vocalizaciones.
   - **Ventajas:** Especialmente útil en la identificación de aves, anfibios y mamíferos.
   - **Limitaciones:** Dependencia de bases de datos de sonidos y calidad de las grabaciones.

Comparación de Herramientas

Categoría	Ejemplos	Ventajas	Limitaciones
Tradicionales	Guías de campo, observación	Bajo costo, fácil uso	Menor precisión en especies crípticas
Tecnológicas	Drones, cámaras trampa, SIG	Alta precisión, cobertura amplia	Alto costo, requiere formación técnica
Moleculares	DNA Barcoding, análisis genético	Identificación incluso con muestras parciales	Necesidad de laboratorios especializados

La combinación de estas herramientas permite una identificación más completa y robusta de las especies endémicas, apoyando tanto la investigación científica como las estrategias de conservación.

Características Clave de las Especies Locales

Las especies locales, especialmente aquellas que son endémicas, presentan características únicas que las diferencian de otras especies y las adaptan a su entorno específico. A continuación, se describen las principales características clave que suelen observarse en estas especies:

1. Adaptaciones Ecológicas

- **Descripción:** Las especies locales desarrollan adaptaciones específicas que les permiten sobrevivir y prosperar en condiciones ambientales particulares.
- **Ejemplos:**
    - Plantas con hojas pequeñas o gruesas para reducir la pérdida de agua en climas áridos.
    - Animales con camuflaje que se asemeja a la vegetación local.
- **Importancia:** Garantizan la supervivencia frente a factores como la disponibilidad de recursos, el clima o la presencia de depredadores.

2. Distribución Geográfica Limitada

- **Descripción:** Las especies endémicas generalmente tienen una distribución restringida a una región o ecosistema específico.
- **Ejemplos:**
    - Especies que solo habitan en islas, montañas, o lagos aislados.
- **Importancia:** Su limitación geográfica las hace especialmente vulnerables a la pérdida de hábitat y cambios ambientales.

3. Diversidad Genética Reducida

- **Descripción:** Las poblaciones pequeñas o aisladas de especies locales suelen tener menor variabilidad genética.
- **Ejemplos:**
    - Animales en islas con poca migración genética.
- **Importancia:** La baja diversidad genética puede hacerlas más susceptibles a enfermedades o cambios ambientales abruptos.

4. Especificidad de Hábitat

- **Descripción:** Muchas especies locales dependen de tipos de hábitat específicos, como bosques nublados, manglares, o arrecifes de coral.
- **Ejemplos:**
    - Anfibios que requieren cuerpos de agua temporales para reproducirse.

- Plantas que solo crecen en suelos volcánicos.
- **Importancia:** Los cambios o la degradación de estos hábitats pueden amenazar gravemente su supervivencia.

5. Interacciones Ecológicas Únicas

- **Descripción:** Las especies locales suelen estar estrechamente integradas en las redes tróficas y ecológicas de su ecosistema.
- **Ejemplos:**
    - Polinizadores específicos de ciertas plantas endémicas.
    - Depredadores locales que controlan poblaciones de presas.
- **Importancia:** Estas interacciones mantienen el equilibrio ecológico en sus entornos nativos.

6. Vulnerabilidad a Cambios Ambientales

- **Descripción:** Las especies locales son especialmente sensibles a perturbaciones como el cambio climático, la deforestación o la introducción de especies invasoras.
- **Ejemplos:**
    - Especies de alta montaña que no pueden migrar a altitudes más frías.
    - Animales que dependen de ciclos estacionales específicos, como la lluvia, para reproducirse.
- **Importancia:** Su capacidad limitada de adaptación las pone en mayor riesgo de extinción.

Ejemplos Destacados de Especies Locales

1. **Fauna:**
    - **Quetzal (Pharomachrus mocinno):** Ave emblemática de los bosques nubosos de América Central, con plumaje brillante y dependencia de los árboles aguacatillos.
    - **Ajolote (Ambystoma mexicanum):** Anfibio endémico de los lagos de Xochimilco, adaptado a un hábitat acuático con alta regeneración de extremidades.
2. **Flora:**

- **Puya Raimondii:** Planta endémica de los Andes, adaptada a altitudes superiores a los 3,000 metros.
- **Cactus Sahuaro (Carnegiea gigantea):** Adaptado a los desiertos de Sonora, con capacidad para almacenar grandes cantidades de agua.

Conclusión

Las especies locales representan un componente crucial de la biodiversidad, proporcionando un reflejo de las condiciones ambientales y ecológicas de su región. Su estudio y conservación son fundamentales para preservar los ecosistemas únicos en los que habitan.

Capítulo 2: Recolección y Selección de Semillas

La **recolección y selección de semillas** son pasos fundamentales en la conservación de especies vegetales, la restauración ecológica y la agricultura sostenible. Este proceso garantiza la viabilidad de las semillas y maximiza su potencial para germinar y desarrollarse en condiciones óptimas.

1. Recolección de Semillas

La recolección adecuada depende del conocimiento detallado de las especies y sus ciclos de vida.

a. Etapas del Proceso de Recolección

1. **Identificación de Especies y Poblaciones**
   - **Descripción:** Se identifican las especies objetivo y sus poblaciones naturales.
   - **Herramientas:** Guías de campo, GPS para localizar poblaciones.
   - **Consideraciones:** Se priorizan las especies endémicas, en peligro o con importancia ecológica.
2. **Determinación del Momento de Recolección**
   - **Descripción:** Se realiza cuando las semillas han alcanzado la madurez óptima.
   - **Indicadores de Madurez:**
     - Cambio de color en frutos o semillas (de verde a marrón).
     - Dispersión natural (semillas que caen o son liberadas).
     - Secado natural de vainas o cápsulas.
   - **Técnicas:** Observación directa y pruebas preliminares de germinación.
3. **Recolección Manual o Mecánica**
   - **Métodos Manuales:** Ideal para especies pequeñas o en áreas de difícil acceso.
   - **Métodos Mecánicos:** Uso de maquinaria para recolección a gran escala en cultivos.
   - **Precauciones:** Evitar daños a las semillas y la recolección excesiva que pueda afectar a la población natural.

b. Prácticas Sostenibles de Recolección

- **Proporción de Recolección:** Generalmente, se recolecta menos del 20% de las semillas disponibles para no comprometer la regeneración natural.
- **Evitar Recolectar de Individuos Débiles:** Seleccionar semillas de plantas sanas y vigorosas para asegurar la calidad genética.

2. Selección de Semillas

Después de la recolección, es crucial seleccionar semillas de calidad para garantizar el éxito en la germinación.

a. Criterios de Selección

1. **Integridad Física**
   - **Descripción:** Las semillas deben estar completas, sin signos de daño físico o enfermedades.

- **Métodos:** Inspección visual y manual para descartar semillas rotas, mordidas o mal formadas.
2. **Peso y Tamaño**
    - **Descripción:** Semillas más grandes y pesadas suelen tener mayor cantidad de reservas nutritivas.
    - **Métodos:** Clasificación por tamaño con tamices o manualmente.
3. **Color y Apariencia**
    - **Descripción:** El color debe coincidir con el de las semillas maduras. Las semillas descoloridas o manchadas pueden estar deterioradas.
    - **Métodos:** Inspección visual detallada.
4. **Viabilidad**
    - **Descripción:** Capacidad de la semilla para germinar.
    - **Pruebas:**
        - **Prueba de flotación:** Las semillas viables suelen hundirse en agua.
        - **Pruebas de germinación en laboratorio:** Permiten evaluar el porcentaje de semillas viables.

b. Almacenamiento de Semillas Seleccionadas

1. **Condiciones de Almacenamiento**
    - **Humedad Relativa:** Las semillas deben almacenarse en ambientes secos para evitar la germinación prematura o la proliferación de hongos.
    - **Temperatura:** Preferentemente baja, alrededor de 4-10 °C, dependiendo de la especie.
2. **Contenedores**
    - **Descripción:** Uso de envases herméticos o bolsas de papel en caso de almacenamiento temporal.
    - **Ventajas:** Protegen de la humedad, plagas y luz excesiva.
3. **Registro y Etiquetado**
    - **Información Importante:**
        - Especie y origen (ubicación de recolección).
        - Fecha de recolección.
        - Condiciones de almacenamiento.
    - **Importancia:** Facilita la trazabilidad y el manejo adecuado de las semillas.

3. Aplicaciones en Conservación y Agricultura

1. **Conservación de Especies Nativas**
    - Las semillas recolectadas pueden utilizarse para proyectos de restauración ecológica, como la reforestación de hábitats degradados.
2. **Bancos de Semillas**
    - Recolección y almacenamiento para preservar la diversidad genética de plantas endémicas o en peligro.
3. **Agricultura Sostenible**

- Las semillas seleccionadas garantizan una mejor producción en cultivos locales, adaptados a las condiciones ambientales específicas.

Conclusión

La recolección y selección de semillas son procesos clave para la conservación y el manejo sostenible de recursos vegetales. Una recolección cuidadosa y una selección rigurosa aseguran que las semillas sean viables y contribuyan a la regeneración de ecosistemas o a la producción agrícola eficiente.

Épocas óptimas para la recolección

La determinación de las épocas óptimas para la recolección de semillas es crucial para maximizar su viabilidad y asegurar su éxito en la germinación. Este momento varía según la especie, las condiciones climáticas y el tipo de hábitat. A continuación, se describen los factores clave que influyen en la selección del momento adecuado.

1. Factores que Determinan la Época de Recolección

a. Ciclo de Vida de la Planta

- **Descripción:** Cada especie tiene un ciclo específico de floración, fructificación y maduración de semillas.
- **Ejemplos:**
    - **Especies anuales:** Recolectan sus semillas al final de su ciclo (una vez al año).
    - **Especies perennes:** Producen semillas en temporadas específicas, pero pueden variar de un año a otro.

b. Condiciones Climáticas

- **Descripción:** Las estaciones influyen en el desarrollo de las semillas.
- **Ejemplos de Temporadas:**
    - **Estación seca:** Ideal para recolectar semillas secas y maduras, especialmente en regiones tropicales.
    - **Final del verano o principio del otoño:** Época óptima en climas templados cuando muchas plantas culminan su ciclo reproductivo.

c. Fenología

- **Descripción:** Estudio de las etapas de desarrollo de las plantas en relación con el clima.
- **Indicadores Fenológicos:**
    - Cambio de color en los frutos o vainas.
    - Apertura de cápsulas o dispersión natural.

---

2. Recomendaciones por Tipo de Ecosistema

a. Bosques Templados

- **Época Óptima:** Final del verano y otoño (agosto a noviembre).
- **Especies Clave:**
    - Robles (Quercus spp.): Bellotas recolectadas en otoño.
    - Pinos (Pinus spp.): Conos recolectados al final del verano.

b. Bosques Tropicales y Subtropicales

- **Época Óptima:** Final de la estación lluviosa y comienzo de la estación seca.
- **Especies Clave:**
    - Ceibas y caobas (Ceiba pentandra, Swietenia spp.): Semillas recolectadas entre noviembre y marzo.
    - Árboles frutales nativos como el guayacán.

c. Ecosistemas Áridos

- **Época Óptima:** Final de la temporada de lluvias, cuando las plantas completan su ciclo.
- **Especies Clave:**
    - Cactus y arbustos xerófitos, como el mezquite (Prosopis spp.) y la biznaga (Ferocactus spp.).

d. Pastizales y Praderas

- **Época Óptima:** Verano y principios de otoño, cuando las gramíneas y herbáceas dispersan sus semillas.
- **Especies Clave:**
    - Pastos nativos como Bouteloua spp. y Stipa spp.

e. Ecosistemas de Alta Montaña

- **Época Óptima:** Final de la primavera y verano.
- **Especies Clave:**
    - Plantas alpinas, como Puya raimondii, recolectadas a mediados del verano cuando las flores fructifican.

---

3. Indicadores de Madurez de Semillas

1. **Cambio de Color en el Fruto o Semilla**
    - Frutos inmaduros suelen ser verdes; cuando maduran, cambian a colores como marrón, negro o amarillo.
2. **Dispersión Natural**
    - Las semillas listas tienden a desprenderse fácilmente.
    - Ejemplo: Semillas de diente de león y arce que son dispersadas por el viento.
3. **Sonido y Textura**
    - Semillas maduras a menudo producen un sonido seco cuando se agitan dentro de la vaina.
    - Vainas o frutos se secan y abren fácilmente.
4. **Prueba de Germinación Rápida**
    - Se recolectan algunas semillas para una prueba de germinación temprana en condiciones controladas.

---

4. Ejemplos Regionales

México

- **Matorrales Desérticos:** Recolección de semillas de mezquite y huizache a finales de verano.

- **Bosques de Coníferas:** Bellotas y piñones recolectados en otoño.

Andes Sudamericanos

- **Altiplano:** Semillas de especies como la quinua y kiwicha recolectadas al final de la temporada seca.

Regiones Mediterráneas

- **Olivos y Encinas:** Recolección de semillas y frutos en otoño.

Conclusión

La época óptima para la recolección de semillas varía según la especie, el ecosistema y las condiciones climáticas locales. Identificar el momento adecuado maximiza la viabilidad de las semillas y es esencial para proyectos de conservación, restauración ecológica y agricultura sostenible.

Criterios de Calidad para la Selección de Semillas

La selección de semillas es un paso fundamental para garantizar su viabilidad, calidad genética y capacidad de germinación. A continuación, se detallan los criterios esenciales que deben considerarse en este proceso.

1. Viabilidad

Descripción:

La viabilidad se refiere a la capacidad de una semilla para germinar y desarrollar una planta sana.

Métodos de Evaluación:

- **Prueba de Germinación:** Se colocan semillas en condiciones controladas de luz, humedad y temperatura para observar su capacidad de germinación.
- **Prueba de Tetrazolio:** Un análisis químico que identifica tejidos vivos en la semilla mediante la tinción con tetrazolio.

Indicadores de Alta Calidad:

- Semillas con altas tasas de germinación (>80% para muchas especies).
- Embrión visible y sin daño.

---

2. Pureza

Descripción:

Se refiere a la proporción de semillas de la especie objetivo en relación con material extraño (semillas de otras especies, restos de plantas, etc.).

Métodos de Evaluación:

- **Separación Manual o Mecánica:** Clasificación visual o mediante máquinas separadoras.
- **Análisis en Laboratorio:** Pesado y clasificación para calcular el porcentaje de pureza.

Requisitos Mínimos:

- Pureza superior al 95% en semillas seleccionadas para cultivos o conservación.

---

3. Integridad Física

Descripción:

Las semillas deben estar libres de daños físicos que puedan comprometer su viabilidad.

Criterios Visuales:

- Semillas completas y sin fracturas.
- Ausencia de perforaciones o señales de ataques por plagas.
- Superficie uniforme sin manchas de podredumbre o decoloración anormal.

Métodos de Evaluación:

- **Inspección Visual Manual.**
- **Uso de Microscopios para Semillas Pequeñas.**

---

4. Peso y Tamaño

Descripción:

Semillas más grandes y pesadas tienden a contener más reservas de nutrientes, lo que aumenta la probabilidad de germinación y crecimiento vigoroso.

Métodos de Selección:

- **Tamices:** Para clasificar las semillas por tamaño.
- **Balanza de Precisión:** Para asegurar uniformidad en peso.

Ventajas:

- Semillas homogéneas en tamaño y peso suelen germinar y desarrollarse de manera uniforme.

---

5. Contenido de Humedad

Descripción:

El nivel de humedad debe ser óptimo para evitar la descomposición o la germinación prematura durante el almacenamiento.

Métodos de Medición:

- **Higrómetros Portátiles.**
- **Secado en Laboratorio:** Método gravimétrico para medir la pérdida de peso tras el secado.

Valores Recomendados:

- Para almacenamiento prolongado, contenido de humedad del 5% al 12%, dependiendo de la especie.

6. Sanidad

Descripción:

Las semillas deben estar libres de enfermedades, hongos y plagas.

Métodos de Inspección:

- **Visual:** Identificación de manchas, moho o deformaciones.
- **Análisis Fitosanitario:** Cultivo de muestras en condiciones controladas para detectar patógenos.

Tratamientos Preventivos:

- Aplicación de fungicidas o insecticidas específicos antes del almacenamiento.
- Desinfección con agua caliente o productos químicos suaves.

7. Dormancia

Descripción:

Algunas semillas poseen mecanismos de dormancia que impiden la germinación inmediata.

Pruebas y Tratamientos:

- **Pruebas de Dormancia:** Determinan si la semilla requiere un tratamiento previo para germinar.
- **Tratamientos Estratificación o Escarificación:** Rompen la dormancia mediante cambios en la temperatura o abrasión mecánica.

8. Calidad Genética

Descripción:

Las semillas deben provenir de plantas saludables con alta diversidad genética, lo que garantiza adaptabilidad y resistencia a condiciones adversas.

Prácticas Clave:

- **Recolección de Múltiples Individuos:** Asegura diversidad genética.
- **Control en Cultivos:** Evitar la endogamia en lotes de semillas destinadas a la producción.

Evaluación Final y Certificación

Antes de su uso, las semillas deben someterse a una evaluación final y, cuando sea posible, certificarse por laboratorios especializados para garantizar que cumplen con los estándares establecidos. La certificación incluye parámetros como pureza, viabilidad, sanidad y contenido de humedad.

Conclusión

La selección rigurosa de semillas basada en criterios de calidad asegura su éxito en proyectos de conservación, restauración ecológica y producción agrícola. Cada criterio contribuye a maximizar la eficiencia y el impacto de las iniciativas que dependen de semillas saludables y viables.

Conservación Adecuada de Semillas

La conservación de semillas es un proceso fundamental para preservar la diversidad genética, garantizar la viabilidad a largo plazo y facilitar su uso en proyectos de restauración ecológica, agricultura y conservación de especies en peligro. A continuación, se describen las mejores prácticas y consideraciones clave para una conservación eficiente.

---

1. Factores Clave en la Conservación de Semillas

a. Contenido de Humedad

- **Descripción:** La humedad influye directamente en la viabilidad de las semillas durante el almacenamiento.
- **Valores Óptimos:**
    - Semillas ortodoxas (almacenables a largo plazo): 5%-12% de humedad.
    - Semillas recalcitrantes (sensibles a la desecación): deben mantenerse con mayor contenido de humedad (>20%).

b. Temperatura de Almacenamiento

- **Descripción:** La temperatura influye en la velocidad de deterioro de las semillas.
- **Rangos Recomendados:**
    - Almacenamiento a corto plazo: 10-15 °C.
    - Almacenamiento a largo plazo (bancos de semillas): -18 °C o menos.
- **Regla General:** Cada reducción de 5 °C en la temperatura de almacenamiento duplica el tiempo de vida útil de las semillas.

c. Niveles de Oxígeno

- **Descripción:** Altos niveles de oxígeno pueden acelerar la oxidación y deterioro.
- **Estrategia:** Uso de envases herméticos o atmósferas modificadas (bajo oxígeno) para prolongar la viabilidad.

---

2. Tipos de Semillas y Métodos de Conservación

a. Semillas Ortodoxas

- **Características:** Pueden secarse y almacenarse a bajas temperaturas.
- **Ejemplos:** Maíz, trigo, frijol.
- **Método de Conservación:**
    - Desecación inicial al contenido de humedad óptimo.
    - Almacenamiento en bancos de semillas a -18 °C.

b. Semillas Recalcitrantes

- **Características:** No toleran la desecación ni las bajas temperaturas.
- **Ejemplos:** Mango, aguacate, roble.
- **Método de Conservación:**
    - Almacenamiento en condiciones frescas (4-10 °C) con humedad controlada.
    - Conservación in vitro o criopreservación (en nitrógeno líquido) como alternativas.

c. Semillas Intermedias

- **Características:** Toleran cierto grado de secado, pero no temperaturas muy bajas.
- **Ejemplos:** Café, cítricos.
- **Método de Conservación:**
    - Secado parcial y almacenamiento a temperaturas moderadas.

3. Métodos de Almacenamiento

a. Almacenamiento Convencional

- **Condiciones:**
    - Ambiente seco y fresco.
    - Uso de envases herméticos, como frascos de vidrio o bolsas de aluminio con sellado.
- **Aplicaciones:** Semillas destinadas a cultivos de temporada o a conservación a corto plazo.

b. Bancos de Semillas

- **Descripción:** Instalaciones especializadas para la conservación a largo plazo.
- **Características Clave:**
    - Control estricto de temperatura y humedad.
    - Inventario y monitoreo regular de la viabilidad.
- **Ejemplo:** Banco Mundial de Semillas de Svalbard en Noruega.

c. Criopreservación

- **Descripción:** Almacenamiento en nitrógeno líquido (-196 °C) para semillas que no pueden secarse ni almacenarse a temperaturas convencionales.
- **Ventajas:** Detiene completamente la actividad metabólica, prolongando la viabilidad durante siglos.
- **Aplicaciones:** Semillas recalcitrantes o especies con alto valor ecológico.

4. Procedimientos de Preparación para el Almacenamiento

a. Desecación

- **Objetivo:** Reducir el contenido de humedad sin afectar la viabilidad.
- **Métodos:**
    - Secado al aire en ambientes controlados.
    - Uso de desecantes como sílica gel.

b. Limpieza y Clasificación

- **Descripción:** Eliminación de material vegetal no deseado (hojas, ramas) y semillas de baja calidad.
- **Beneficio:** Previene el desarrollo de plagas y enfermedades.

c. Tratamientos Sanitarios

- **Fungicidas e Insecticidas:** Aplicados antes del almacenamiento para evitar el desarrollo de hongos o infestaciones.
- **Desinfección Térmica:** Sumergir las semillas en agua caliente o tratarlas con vapor.

5. Monitoreo y Mantenimiento

a. Inspección Regular

- **Descripción:** Revisión periódica de las condiciones de almacenamiento y la viabilidad de las semillas.
- **Métodos:**
    - Pruebas de germinación.
    - Inspección visual para detectar signos de moho, plagas o deterioro físico.

b. Regeneración de Semillas

- **Descripción:** Germinación y cultivo de nuevas plantas para producir semillas frescas cuando la viabilidad comienza a disminuir.
- **Frecuencia:** Depende de la especie y las condiciones de almacenamiento.

6. Consideraciones Especiales

a. Registro y Documentación

- **Información Clave:**
    - Especie, fecha de recolección, ubicación, condiciones de almacenamiento.
    - Resultados de pruebas de viabilidad y tratamientos aplicados.
- **Importancia:** Facilita la trazabilidad y la gestión eficiente del banco de semillas.

b. Manejo de Semillas Endémicas y en Peligro

- **Estrategias:** Priorizar la conservación de especies con distribución limitada o amenazadas.
- **Colaboración:** Redes internacionales de bancos de semillas para asegurar la duplicación y protección de recursos genéticos.

Conclusión

La conservación adecuada de semillas implica un manejo cuidadoso de factores como la humedad, la temperatura y la sanidad, adaptándose a las características de cada tipo de semilla. Aplicar estas prácticas garantiza la preservación de la diversidad genética y el éxito en iniciativas de conservación y producción agrícola sostenible.

Capítulo 3: Germinación y Cuidado Inicial de Semillas

La germinación es el proceso mediante el cual una semilla viable comienza a desarrollar una nueva planta. Este paso, junto con el cuidado inicial, es crucial para el establecimiento exitoso de las plantas. A continuación, se detallan las mejores prácticas y consideraciones clave.

1. Proceso de Germinación

La germinación consta de varias etapas, influenciadas por factores internos de la semilla y externos del ambiente.

a. Fases de la Germinación

1. **Imbibición**
   - **Descripción:** La semilla absorbe agua, lo que activa sus procesos metabólicos.
   - **Signos:** La semilla se hincha y aumenta de tamaño.
2. **Activación Metabólica**
   - **Descripción:** Las enzimas comienzan a descomponer las reservas almacenadas (almidones, grasas) en compuestos utilizables.
3. **Emergencia de la Radícula**
   - **Descripción:** La radícula (futura raíz) es el primer órgano que emerge para anclarse al suelo y absorber agua y nutrientes.
4. **Desarrollo del Hipocotilo y Plúmula**
   - **Descripción:** El hipocotilo (parte inferior del tallo) se alarga, y la plúmula (futuro brote) emerge.

2. Factores Clave para la Germinación

a. Agua

- **Función:** Activa los procesos metabólicos y suaviza la cubierta de la semilla.
- **Cantidad Óptima:** Las semillas deben mantenerse húmedas, pero no encharcadas, para evitar la asfixia o el desarrollo de hongos.

b. Temperatura

- **Descripción:** Cada especie tiene un rango de temperatura óptimo para germinar.
- **Ejemplos:**
  - Plantas de clima templado: 15-25 °C.
  - Plantas tropicales: 20-30 °C.

c. Luz

- **Influencia:** Algunas semillas requieren luz para germinar, mientras que otras germinan mejor en la oscuridad.
- **Ejemplos:**
    - Semillas fotoblásticas positivas (requieren luz): Lechuga.
    - Semillas fotoblásticas negativas (prefieren oscuridad): Cebolla.

d. Oxígeno

- **Descripción:** Es necesario para la respiración celular durante la germinación.
- **Consideración:** Suelos compactados o exceso de agua pueden limitar el acceso al oxígeno.

---

3. Métodos de Germinación

a. Germinación Directa en Suelo

- **Descripción:** Las semillas se siembran directamente en su ubicación final.
- **Ventajas:** Menor manipulación, adecuado para plantas que no toleran trasplantes.
- **Ejemplos:** Frijoles, maíz.

b. Germinación en Almácigos o Bandejas

- **Descripción:** Las semillas se germinan en bandejas de semillero para luego trasplantarlas.
- **Ventajas:** Mayor control de las condiciones, adecuado para especies delicadas.
- **Ejemplos:** Tomate, lechuga.

c. Germinación en Papel Absorbente o Hidrogel

- **Descripción:** Se colocan semillas entre papeles húmedos o geles especiales en condiciones controladas.
- **Ventajas:** Permite monitorear fácilmente la germinación.
- **Aplicación:** Pruebas de viabilidad o germinación experimental.

---

4. Cuidado Inicial de las Plántulas

a. Trasplante

- **Descripción:** Cuando las plántulas desarrollan su primer par de hojas verdaderas, se trasplantan al suelo o macetas.
- **Consideraciones:**
    - Evitar dañar las raíces.
    - Trasplantar durante las horas frescas del día para minimizar el estrés.

b. Riego

- **Frecuencia:** Regular y ligero para mantener el sustrato húmedo pero no saturado.
- **Métodos:** Riego por aspersión o con regadera de flujo suave para evitar el desplazamiento del sustrato.

c. Iluminación

- **Intensidad:** Las plántulas necesitan luz adecuada para desarrollar fotosíntesis, pero deben protegerse de la luz solar directa intensa.
- **Duración:** 10-14 horas diarias, dependiendo de la especie.

d. Nutrición

- **Fertilizantes:** Se pueden aplicar soluciones de fertilizante diluido cuando las plántulas comienzan a desarrollar hojas verdaderas.
- **Sustrato Rico en Nutrientes:** Proporciona un soporte adecuado durante las primeras semanas.

e. Protección Contra Plagas y Enfermedades

- **Prevención:** Mantener buena ventilación y evitar el exceso de humedad.
- **Tratamientos:** Uso de biopesticidas o soluciones naturales (extractos de neem, ajo) para proteger las plántulas.

5. Endurecimiento de Plántulas

Descripción:

El endurecimiento es el proceso de adaptación de las plántulas a condiciones más adversas antes de ser trasladadas al campo.

Técnicas:

1. **Reducción Gradual del Riego:** Para fomentar el desarrollo de raíces profundas.
2. **Exposición Gradual al Sol y Viento:** Aumenta la resistencia a factores ambientales.
3. **Disminución de la Temperatura:** Simula las condiciones del entorno final.

Conclusión

El proceso de germinación y cuidado inicial es fundamental para el establecimiento exitoso de las plantas. Comprender y controlar los factores ambientales, junto con la aplicación de técnicas adecuadas, asegura un crecimiento saludable de las plántulas y maximiza la tasa de supervivencia en etapas posteriores.

Factores que Afectan la Germinación de Semillas

La germinación de semillas es un proceso complejo que depende de múltiples factores, tanto internos (relacionados con la semilla misma) como externos (condiciones ambientales). Entender estos factores es esencial para optimizar la germinación y asegurar el desarrollo exitoso de las plantas.

---

1. Factores Internos

a. Viabilidad de la Semilla

- **Descripción:** La capacidad de la semilla para germinar depende de su integridad fisiológica y genética.
- **Influencia:** Semillas dañadas, envejecidas o con baja viabilidad no germinan o lo hacen de manera deficiente.
- **Evaluación:** Pruebas de germinación o de tetrazolio para medir viabilidad.

b. Dormancia

- **Descripción:** Algunas semillas poseen mecanismos internos que impiden la germinación inmediata, incluso en condiciones favorables.
- **Tipos de Dormancia:**
    1. **Física:** La cubierta de la semilla es impermeable al agua o al oxígeno.
    2. **Fisiológica:** Inhibidores químicos en la semilla bloquean el proceso.
    3. **Mecánica:** Las estructuras internas impiden la expansión del embrión.
- **Soluciones:** Estratificación, escarificación, lavado con agua para eliminar inhibidores.

c. Edad de la Semilla

- **Descripción:** La capacidad de germinación disminuye con el tiempo.
- **Factores Relacionados:** Las semillas más jóvenes generalmente tienen tasas de germinación más altas, mientras que las semillas envejecidas pueden perder viabilidad, especialmente si no se almacenan adecuadamente.

---

2. Factores Externos

a. Agua

- **Descripción:** El agua es esencial para la imbibición, que activa el metabolismo de la semilla.
- **Efectos del Exceso o Deficiencia:**
    - **Falta de Agua:** Impide la activación metabólica y el desarrollo del embrión.
    - **Exceso de Agua:** Puede causar asfixia o pudrición por falta de oxígeno.

- **Recomendación:** Mantener un sustrato húmedo, pero bien drenado.

b. Temperatura

- **Descripción:** La temperatura influye en la velocidad de las reacciones metabólicas necesarias para la germinación.
- **Rangos Óptimos:** Varían según la especie.
  - **Climas Templados:** 15-25 °C (trigo, lechuga).
  - **Climas Tropicales:** 20-30 °C (maíz, frijol).
- **Efectos de Temperaturas Extremas:**
  - **Bajas Temperaturas:** Pueden retrasar o detener la germinación.
  - **Altas Temperaturas:** Pueden dañar el embrión o acelerar la descomposición.

c. Luz

- **Descripción:** La luz puede actuar como un estímulo para la germinación en algunas especies.
- **Tipos de Respuesta:**
  1. **Semillas Fotoblásticas Positivas:** Requieren luz para germinar (lechuga, apio).
  2. **Semillas Fotoblásticas Negativas:** Prefieren germinar en oscuridad (cebolla).
  3. **Semillas Neutrales:** No dependen de la luz (maíz, frijol).

d. Oxígeno

- **Descripción:** Es fundamental para la respiración celular durante la germinación.
- **Condiciones Limitantes:**
  - Suelos compactados o saturados de agua dificultan la disponibilidad de oxígeno, afectando la germinación.
- **Recomendación:** Usar un sustrato bien aireado para asegurar el acceso al oxígeno.

e. Salinidad

- **Descripción:** Altos niveles de sales en el sustrato pueden inhibir la absorción de agua por la semilla.
- **Efectos:** Reducción en la tasa de germinación y en el vigor de las plántulas.
- **Soluciones:** Usar sustratos con baja salinidad o lavar las semillas antes de sembrarlas.

f. pH del Sustrato

- **Descripción:** El nivel de acidez o alcalinidad del sustrato afecta la disponibilidad de nutrientes y el metabolismo de la semilla.
- **Rangos Óptimos:**
  - La mayoría de las especies germinan mejor en un rango de pH entre 5.5 y 7.0.
- **Efectos de pH Extremo:** pH demasiado ácido o alcalino puede inhibir la germinación.

3. Factores Biológicos

a. Presencia de Patógenos

- **Descripción:** Hongos, bacterias o virus pueden infectar las semillas o plántulas durante la germinación.
- **Prevención:**
    - Uso de semillas tratadas con fungicidas.
    - Sustrato esterilizado para reducir la presencia de patógenos.

b. Competencia con Malezas

- **Descripción:** Las malezas pueden competir por recursos como agua, luz y nutrientes, afectando el desarrollo inicial de las plántulas.
- **Control:** Remoción manual o uso de coberturas para evitar el crecimiento de malezas.

c. Presencia de Insectos y Plagas

- **Efectos:** Pueden dañar la semilla o consumir las plántulas recién germinadas.
- **Soluciones:** Protección mediante coberturas o aplicaciones de biopesticidas.

---

4. Interacciones Entre Factores

La germinación no depende de un solo factor, sino de la interacción entre varios. Por ejemplo:

- Una semilla viable puede no germinar si la temperatura o la humedad son inadecuadas.
- El efecto negativo de un pH desfavorable puede ser mitigado si la semilla está bien hidratada y recibe suficiente oxígeno.

Conclusión

La germinación es un proceso sensible que depende de la interacción de diversos factores internos y externos. Para garantizar el éxito, es crucial controlar las condiciones ambientales, seleccionar semillas de alta calidad y aplicar técnicas adecuadas de manejo. Un monitoreo constante permite ajustar estos factores y maximizar la tasa de germinación y el establecimiento de plántulas saludables.

Técnicas para Aumentar el Porcentaje de Éxito en la Germinación

Mejorar la tasa de germinación es clave para el éxito en proyectos agrícolas, de reforestación o conservación de especies. Existen diversas técnicas que pueden aplicarse según el tipo de semilla, sus necesidades específicas y las condiciones ambientales.

---

1. Tratamientos Pre-germinativos

Los tratamientos pre-germinativos preparan las semillas para superar la dormancia y activar su capacidad de germinación.

a. Estratificación

- **Descripción:** Consiste en someter las semillas a condiciones controladas de temperatura y humedad que simulan las estaciones naturales.
- **Tipos:**
    1. **Estratificación Fría:** Semillas de especies que requieren un periodo frío para germinar (ej. manzano, nogal).
        - **Procedimiento:** Colocar las semillas en arena húmeda a 2-5 °C durante varias semanas o meses.
    2. **Estratificación Caliente:** Para semillas de climas tropicales que necesitan calor antes de germinar.
        - **Procedimiento:** Mantener las semillas a 25-30 °C durante un periodo específico.

b. Escarificación

- **Descripción:** Romper o debilitar la cubierta dura de la semilla para facilitar la absorción de agua.
- **Métodos:**
    1. **Mecánica:** Raspado con lija o corte superficial con cuchilla.
    2. **Química:** Remojar las semillas en una solución de ácido sulfúrico diluido por un tiempo determinado.
    3. **Térmica:** Inmersión en agua caliente (70-90 °C) por unos segundos y luego enfriarlas rápidamente.

c. Remojo

- **Descripción:** Sumergir las semillas en agua durante un periodo específico para iniciar la imbibición.
- **Procedimiento:**
    - Agua a temperatura ambiente: 12-24 horas.
    - Agua tibia (30-40 °C): 6-12 horas.
- **Beneficio:** Acelera la activación metabólica y reduce el tiempo de germinación.

d. Lavado para Eliminar Inhibidores

- **Descripción:** Algunas semillas contienen inhibidores químicos que impiden la germinación.
- **Método:** Lavar las semillas en agua corriente o remojarlas durante varios días, cambiando el agua regularmente.

---

2. Optimización de las Condiciones Ambientales

El control de las condiciones externas puede mejorar significativamente el porcentaje de éxito en la germinación.

a. Sustrato Adecuado

- **Descripción:** Un sustrato adecuado asegura buena retención de humedad, drenaje y aireación.
- **Recomendaciones:**
    - Mezclas de turba, vermiculita y arena para asegurar condiciones óptimas.
    - Evitar suelos compactados o muy arcillosos.

b. Riego Controlado

- **Objetivo:** Mantener la humedad adecuada sin saturar el sustrato.
- **Técnicas:**
    - Riego por aspersión para evitar el desplazamiento de semillas.
    - Monitoreo regular del nivel de humedad con tensiómetros o sensores.

c. Control de Temperatura

- **Descripción:** Utilizar sistemas que regulen la temperatura para mantenerla dentro del rango óptimo.
- **Herramientas:**
    - Invernaderos para proteger del frío o calor extremo.
    - Almohadillas térmicas debajo de las bandejas de germinación.

d. Exposición a Luz

- **Adaptar la luz según la especie:** Usar iluminación artificial en lugares cerrados si es necesario.
- **Duración recomendada:** 10-14 horas de luz diaria para especies que requieren fotoperíodos largos.

e. Ventilación y Oxigenación

- **Importancia:** La circulación de aire previene enfermedades y garantiza el suministro de oxígeno.

- **Recomendaciones:**
    - Evitar lugares cerrados sin flujo de aire.
    - No saturar el ambiente con humedad excesiva.

---

3. Técnicas Avanzadas

a. Uso de Bioestimulantes

- **Descripción:** Los bioestimulantes son sustancias naturales que promueven el desarrollo de las semillas y plántulas.
- **Tipos:**
    - Extractos de algas.
    - Ácido giberélico (GA3), que estimula la germinación al romper la dormancia fisiológica.
- **Aplicación:** Remojar las semillas en soluciones de bioestimulantes antes de sembrarlas.

b. Micorrizas y Rizobacterias Beneficiosas

- **Descripción:** Estas asociaciones simbióticas mejoran la absorción de nutrientes y aumentan la resistencia de las plántulas.
- **Método:** Inocular las semillas o el sustrato con productos que contengan micorrizas.

c. Aplicación de Calor Controlado

- **Técnica de Precultivo con Calor:** Someter las semillas a un periodo corto de exposición térmica para estimular la germinación.
- **Beneficio:** Mejora la germinación de semillas en climas fríos.

---

4. Monitoreo y Evaluación

a. Pruebas de Germinación

- **Descripción:** Antes de sembrar grandes cantidades, realizar pruebas para evaluar el porcentaje de germinación en condiciones controladas.
- **Método:** Germinar un lote pequeño en papel húmedo o en sustrato, registrando el porcentaje de semillas que germinan.

b. Monitoreo Continuo

- **Objetivo:** Ajustar las condiciones según sea necesario durante el proceso.
- **Herramientas:** Termómetros, higrómetros y medidores de pH para verificar las condiciones ambientales.

c. Regeneración de Semillas

- **Descripción:** Si las semillas tienen baja viabilidad, puede ser útil regenerarlas mediante recolección de semillas nuevas de plantas cultivadas a partir de lotes anteriores.

Conclusión

La aplicación de técnicas pre-germinativas, junto con un control riguroso de las condiciones ambientales y el uso de tecnologías avanzadas, puede aumentar significativamente el porcentaje de éxito en la germinación. Cada técnica debe adaptarse a las necesidades específicas de la especie y al entorno en el que se pretende cultivar.

Uso de hidrogel: ventajas y desventajas

El uso de hidrogel en el cultivo y desarrollo de plantas endémicas destinadas a la reforestación puede ofrecer varias ventajas, pero también implica ciertos desafíos. Aquí tienes un análisis detallado:

Ventajas

1. **Conservación de agua**
   - El hidrogel tiene una alta capacidad para retener agua, lo que reduce significativamente la frecuencia de riego. Esto es especialmente útil en áreas con escasez hídrica.
   - Ayuda a mantener una humedad constante en el suelo, favoreciendo el desarrollo radicular.
2. **Mejora del establecimiento de plántulas**
   - En etapas iniciales, el hidrogel facilita la absorción de agua, incrementando la tasa de supervivencia de las plantas.
   - Proporciona un suministro gradual de agua, evitando el estrés hídrico.
3. **Adaptabilidad en suelos pobres**
   - En suelos áridos o con baja capacidad de retención hídrica, el hidrogel actúa como un reservorio de agua, mejorando las condiciones para el crecimiento.
4. **Reducción del impacto ambiental del riego**
   - Al disminuir la necesidad de riego constante, se reduce la huella hídrica en proyectos de reforestación a gran escala.
5. **Eficiencia en la rehabilitación de ecosistemas**
   - Puede ser una herramienta eficaz para promover el crecimiento en zonas degradadas donde el acceso al agua es limitado.

Desventajas

1. **Costo inicial elevado**
   - El hidrogel puede ser caro, lo que representa un obstáculo para proyectos de reforestación de bajo presupuesto.
2. **Degradación y microplásticos**
   - Algunos hidrogeles están hechos de polímeros sintéticos que, con el tiempo, se degradan en partículas pequeñas, lo que podría contaminar el suelo.
   - Existen opciones biodegradables, pero suelen ser más costosas.
3. **Impacto en microorganismos del suelo**
   - El hidrogel puede alterar las condiciones de humedad del suelo, afectando la actividad microbiana nativa.
4. **Compatibilidad con especies endémicas**
   - Algunas plantas endémicas pueden no responder bien al uso de hidrogel, ya que están adaptadas a condiciones específicas de estrés hídrico.
   - Puede inhibir los mecanismos naturales de adaptación al entorno.

5. **Limitación en condiciones extremas**
    - En suelos extremadamente secos o con alta salinidad, el hidrogel puede no retener suficiente agua para ser eficaz.
6. **Dependencia de manejo técnico**
    - El uso adecuado del hidrogel requiere conocimiento técnico, como su dosificación y colocación, para evitar problemas como encharcamientos.

Conclusión

El uso de hidrogel en proyectos de reforestación con plantas endémicas puede ser beneficioso si se utiliza de manera estratégica. Es crucial evaluar las características del suelo, las condiciones climáticas y las necesidades específicas de las especies para maximizar los beneficios y minimizar los impactos negativos. Además, optar por hidrogeles biodegradables y adaptar técnicas a las plantas locales podría hacer este enfoque más sostenible a largo plazo.

Capítulo 4: Selección y Preparación de Plántulas

La **selección y preparación de plántulas** es una etapa crucial para garantizar el éxito en proyectos de reforestación, especialmente cuando se trabaja con especies endémicas. Aquí se detalla el proceso en etapas clave:

1. Selección de Plántulas

Criterios de Selección

1. **Especies adecuadas**
   - Priorizar especies nativas que sean compatibles con el clima, el suelo y las condiciones del área de reforestación.
   - Considerar especies pioneras para terrenos degradados, que preparan el suelo para otras plantas.
2. **Diversidad genética**
   - Seleccionar plántulas de diferentes fuentes genéticas para aumentar la resistencia a enfermedades y adaptabilidad.
3. **Calidad de las plántulas**
   - **Tamaño**: Entre 20 y 50 cm para mayor probabilidad de sobrevivir tras el trasplante.
   - **Sistema radicular**: Debe estar bien desarrollado, sin enrollamientos ni daños.
   - **Follaje**: Verde y saludable, sin signos de enfermedades o plagas.
4. **Edad de las plántulas**
   - La mayoría de las especies están listas para trasplante entre los 6 y 12 meses.
5. **Origen del material genético**
   - Asegurarse de que las plántulas provienen de viveros certificados o de programas de conservación.

2. Preparación de las Plántulas

a) Acondicionamiento en el vivero

- **Fortalecimiento previo al trasplante**:
  Reducir gradualmente el riego para acostumbrar a las plántulas a condiciones de menor humedad.
- **Podas sanitarias**:
  Eliminar hojas o ramas dañadas para optimizar el uso de recursos.
- **Control fitosanitario**:
  Verificar que estén libres de plagas y enfermedades.

b) Endurecimiento

- Proceso de aclimatación para que las plántulas resistan las condiciones del campo:
    - Exposición progresiva a luz solar directa.
    - Reducción de fertilizantes.
    - Disminución gradual del riego para desarrollar raíces más profundas.

c) Tratamiento del sistema radicular

- Antes del trasplante, se pueden aplicar estimuladores de raíces, como micorrizas, para mejorar la absorción de nutrientes y resistencia al estrés.
- En caso de raíces enrolladas, estas deben desenrollarse suavemente para evitar problemas de crecimiento.

3. Transporte al Sitio de Reforestación

Recomendaciones

- **Evitar el daño físico**: Usar contenedores adecuados que protejan raíces y follaje.
- **Minimizar el estrés hídrico**: Mantener la humedad en el sistema radicular durante el transporte.
- **Tiempo reducido**: Transportar las plántulas lo más cerca posible de la fecha de plantación.

4. Plantación en Campo

Preparación del terreno

1. Abrir hoyos de dimensiones adecuadas para el tamaño del cepellón.
2. Incorporar compost o mejoradores del suelo si es necesario.
3. Verificar que el suelo tenga buena capacidad de drenaje.

Siembra

1. Colocar la plántula a la profundidad adecuada (al nivel del cuello de la raíz).
2. Compactar suavemente el suelo alrededor para eliminar bolsas de aire.
3. Regar inmediatamente después de plantar.

Consideraciones Especiales para Especies Endémicas

- Algunas especies tienen requerimientos específicos de suelo o micorrizas. Es recomendable replicar, en lo posible, las condiciones del ecosistema de origen.

- Si la especie tiene una fase de dormancia en sus semillas, estas plántulas pueden requerir un manejo especial para estimular su desarrollo.

Monitoreo inicial

- Realizar seguimiento durante las primeras semanas para garantizar que las plántulas se adapten correctamente al entorno y para detectar problemas como plagas, enfermedades o estrés hídrico.

Un manejo adecuado en cada etapa incrementará significativamente la tasa de supervivencia y el éxito del proyecto de reforestación.

Evaluación de plántulas sanas

La **evaluación de plántulas sanas** es un paso esencial para asegurar el éxito en proyectos de reforestación o cultivo, ya que determina la calidad del material vegetal y su capacidad para adaptarse al entorno. Aquí se presentan los criterios clave para evaluar plántulas saludables:

1. Aspecto General

- **Follaje**:
  Las hojas deben tener un color uniforme, generalmente verde brillante, sin manchas, decoloraciones ni señales de plagas o enfermedades.
- **Tallo**:
  - Debe ser recto, firme, y sin daños físicos como grietas, heridas o deformidades.
  - El grosor debe ser proporcional al tamaño de la plántula.

2. Sistema Radicular (Raíces)

- **Desarrollo**:
  - Las raíces deben estar bien distribuidas, sin enrollamientos, apretamientos ni daños visibles.
  - Deben ser abundantes y fibrosas, lo que indica un buen potencial para absorber agua y nutrientes.
- **Color**:
  - Las raíces sanas suelen ser blancas o beige claro.
  - Raíces oscuras, blandas o con mal olor pueden ser signos de pudrición.
- **Presencia de micorrizas**:
  - Para muchas especies, especialmente endémicas, la presencia de micorrizas en las raíces es un indicador positivo de salud y capacidad para establecerse en suelos naturales.

3. Altura y Proporcionalidad

- **Altura**:
  - Debe estar dentro del rango adecuado para la especie y su edad, evitando plántulas demasiado pequeñas (inmaduras) o demasiado grandes (sobrecrecidas).
- **Relación altura/diámetro**:
  - La proporción ideal suele ser equilibrada; plántulas muy altas y delgadas pueden ser más susceptibles a quiebres o estrés hídrico.

4. Señales de Plagas y Enfermedades

- **Hojas**:
    - Inspeccionar en busca de mordeduras, manchas, enrollamientos, presencia de insectos o huevos.
- **Tallo y raíces**:
    - Buscar daños, necrosis, exudados anormales o hinchazones.
- **Presencia de hongos**:
    - Identificar síntomas como manchas polvorientas (mildiu), puntos negros o moho blanco.

5. Adaptación al Entorno

- Las plántulas deben mostrar adaptabilidad a las condiciones climáticas y edáficas de la zona donde serán plantadas.
- Evaluar la tolerancia al estrés hídrico o térmico, especialmente en áreas áridas o con climas extremos.

6. Condición del Cepellón

- **Estado del sustrato**:
    - Debe estar húmedo pero no saturado de agua, y contener un nivel adecuado de nutrientes.
- **Integridad del cepellón**:
    - Al extraer la plántula, las raíces deben mantener la estructura del sustrato sin desmoronarse.

7. Crecimiento Uniforme

- La plántula debe presentar un desarrollo homogéneo:
    - Todas las hojas deben estar bien desarrolladas.
    - No debe haber partes atrofiadas ni signos de estrés (hojas caídas, clorosis).

8. Indicadores Fisiológicos

- **Turgencia**:
    - Las hojas y el tallo deben estar firmes, lo que indica un buen contenido de agua.
- **Ausencia de estrés hídrico**:
    - No debe haber signos de marchitamiento o bordes secos en las hojas.
- **Elasticidad del tallo**:
    - El tallo debe ser flexible pero resistente, sin tendencia a romperse.

Checklist para Evaluación Rápida

Criterio	Estado Ideal
Hojas	Verdes, sanas, sin plagas ni manchas.
Tallo	Recto, firme, sin grietas ni deformidades.
Raíces	Blancas, bien desarrolladas, sin pudrición.
Altura/Diametro	Proporcional al tamaño de la especie.
Plagas y Enfermedades	Ausentes.
Sustrato y Cepellón	Húmedo, compacto y con nutrientes adecuados.

Una **plántula sana** es la base para el éxito en su establecimiento y desarrollo, lo que contribuye directamente a los objetivos de conservación, reforestación o producción agrícola sostenible.

Métodos para trasplante eficiente

El **trasplante eficiente** de plántulas es clave para garantizar una alta tasa de supervivencia y un crecimiento vigoroso, especialmente en proyectos de reforestación o cultivos comerciales. A continuación, se detallan los métodos y pasos recomendados:

1. Preparación Previa al Trasplante

a) Selección del sitio adecuado

- Identificar un lugar con condiciones óptimas de luz, suelo y humedad para la especie.
- Evitar zonas con compactación severa, erosión o alta competencia de malezas.

b) Preparación del terreno

1. **Limpieza**:
   - Retirar maleza, piedras y desechos del área.
2. **Acondicionamiento del suelo**:
   - Si el suelo es pobre, incorporar compost, materia orgánica o enmiendas para mejorar su estructura y fertilidad.
3. **Hoyos de plantación**:
   - Abrir hoyos que sean al menos el doble del tamaño del cepellón de la plántula para facilitar el desarrollo radicular.

c) Endurecimiento de las plántulas

- Exponerlas gradualmente a las condiciones del lugar final (luz solar directa, temperaturas más bajas) durante 1-2 semanas antes del trasplante.

2. Métodos para el Trasplante

a) Método manual

Este es el más común y se utiliza especialmente en proyectos pequeños o en áreas donde la mecanización no es viable.

1. **Pasos del Trasplante Manual**:
   - Extraer cuidadosamente la plántula del vivero, asegurándose de no dañar las raíces.
   - Colocar la plántula en el hoyo previamente preparado, verificando que el cuello de la raíz quede al nivel del suelo.
   - Rellenar con tierra, compactando suavemente para eliminar bolsas de aire.
   - Regar inmediatamente después del trasplante.

b) Método mecanizado

- Usado en reforestaciones masivas o cultivos agrícolas extensivos.
- Implica el uso de maquinaria especializada, como plantadoras automáticas o semiautomáticas.

Ventajas:

- Ahorra tiempo y mano de obra.
- Asegura una colocación uniforme de las plántulas.
  Desventajas:
- Menos precisión en terrenos accidentados.
- Requiere inversión inicial en equipos.

c) Trasplante en contenedores biodegradables

- Las plántulas se trasplantan directamente con el contenedor, que se degrada en el suelo.
- Ideal para reducir el estrés de las raíces y acelerar el establecimiento.

d) Método en "Barro o Lodoso"

- En áreas muy secas, se recomienda colocar la plántula en un hoyo lleno de una mezcla de agua y tierra para garantizar un buen contacto entre las raíces y el suelo.
- Mejora la retención de humedad inicial.

3. Técnicas para Optimizar el Establecimiento

a) Uso de hidrogel o polímeros retenedores de agua

- Colocar una pequeña cantidad en el hoyo de plantación para asegurar una disponibilidad constante de agua en etapas críticas.

b) Incorporación de micorrizas

- Aplicar hongos micorrícicos en las raíces para mejorar la absorción de agua y nutrientes.

c) Acolchado (mulching)

- Cubrir el suelo alrededor de la plántula con paja, hojas secas o plástico biodegradable.
  - **Ventajas:**
    - Reduce la evaporación del agua.
    - Minimiza el crecimiento de malezas.

4. Cuidados Inmediatos Post-Trasplante

1. **Riego inicial**
   - Aplicar agua suficiente para asegurar que las raíces queden bien asentadas en el suelo.
2. **Protección contra factores adversos**
   - **Clima**: Usar protectores contra el sol (mallas de sombra) o barreras contra el viento si es necesario.
   - **Plagas**: Instalar trampas o aplicar controles biológicos en caso de infestaciones iniciales.
3. **Monitoreo**
   - Inspeccionar regularmente las plántulas durante las primeras semanas para detectar signos de estrés hídrico, enfermedades o mal adaptación.

Errores Comunes y Cómo Evitarlos

1. **Trasplante fuera de temporada**
   - Evitar realizarlo en épocas de calor extremo o sequía. Lo ideal es trasplantar al inicio de la temporada de lluvias.
2. **Daño a las raíces**
   - Manipular con cuidado el cepellón y evitar raíces desnudas en ambientes secos.
3. **Colocación incorrecta**
   - No plantar demasiado profundo o superficial; el cuello de la raíz debe estar al nivel del suelo.
4. **Falta de compactación del suelo**
   - Dejar bolsas de aire puede causar deshidratación de las raíces.

Conclusión

Un trasplante eficiente combina una planificación cuidadosa, técnicas adecuadas y cuidados post-trasplante. Aplicar estas prácticas incrementará significativamente las tasas de supervivencia y el éxito del proyecto.

Adaptación al medio ambiente local

La **adaptación al medio ambiente local** es un aspecto fundamental para garantizar la supervivencia y el crecimiento exitoso de las plantas en proyectos de reforestación o cultivo. Las estrategias para favorecer esta adaptación involucran seleccionar especies adecuadas, modificar condiciones ambientales y aplicar técnicas que minimicen el estrés de las plántulas.

1. Selección de Especies

a) Priorizar especies nativas

- Las especies endémicas están naturalmente adaptadas a las condiciones climáticas, de suelo y biológicas del lugar, lo que aumenta su resiliencia.
- En áreas degradadas, se pueden introducir especies pioneras que preparen el suelo para etapas posteriores.

b) Análisis ecológico previo

- Considerar factores como temperatura, precipitaciones, altitud y tipo de suelo.
- Determinar la fenología de las especies (época de floración, fructificación, dormancia).

2. Endurecimiento de las Plántulas

El **endurecimiento** consiste en aclimatar las plántulas a las condiciones del entorno antes del trasplante.

1. **Exposición progresiva al sol**
   - Reducir gradualmente la sombra en el vivero para que las plantas se acostumbren a la luz solar directa.
2. **Reducción del riego**
   - Disminuir el riego antes del trasplante para estimular el desarrollo de raíces profundas.
3. **Incremento de la resistencia al viento y calor**
   - Exponer las plántulas a condiciones ambientales similares a las del sitio final para fortalecer sus tejidos.

3. Preparación del Sitio de Plantación

a) Suelo

1. Evaluar y, si es necesario, corregir el pH y los nutrientes del suelo.

2. Incorporar materia orgánica o micorrizas para enriquecer el suelo.

b) Microclima

- Crear o aprovechar microclimas favorables mediante:
    - Uso de árboles cercanos como barreras contra el viento.
    - Acolchado para reducir la evaporación del agua.
    - Control de malezas para minimizar la competencia por recursos.

4. Ajuste a Factores Climáticos

a) Estrategias para condiciones áridas

- **Uso de hidrogel**: Ayuda a retener agua cerca de las raíces.
- **Plantación en época de lluvias**: Minimiza el estrés hídrico inicial.
- **Cubiertas vegetales**: Aumentan la humedad y reducen la temperatura del suelo.

b) Estrategias para zonas frías

- **Mallas de sombra**: Protegen contra heladas ligeras.
- **Coberturas térmicas**: Evitan daños por bajas temperaturas.

c) Estrategias para zonas ventosas

- **Tutoreo**: Sostener las plántulas con estacas para evitar daños mecánicos.
- **Barreras naturales o artificiales**: Reducen la fuerza del viento en el sitio.

5. Manejo del Estrés Hídrico y de Nutrientes

a) Promoción del desarrollo radicular

- Aplicar estimuladores de raíces o micorrizas.
- Riego profundo pero poco frecuente para inducir raíces profundas.

b) Fertilización controlada

- Evitar sobrefertilización, especialmente en especies nativas que suelen requerir suelos pobres en nutrientes.

c) Monitoreo del agua

- Usar métodos de riego eficiente como goteo o acolchado para optimizar la disponibilidad de agua.

6. Control de Plagas y Competencia

a) Protección biológica

- Introducir controladores naturales de plagas, como insectos benéficos.
- Implementar trampas o barreras físicas.

b) Manejo de malezas

- Controlar las malezas alrededor de las plántulas, ya que compiten por agua, nutrientes y luz.

7. Monitoreo y Ajustes a Largo Plazo

a) Observación continua

- Durante los primeros meses, realizar inspecciones regulares para evaluar el crecimiento y detectar problemas.

b) Adaptaciones técnicas

- Si se detectan problemas, ajustar prácticas como riego, fertilización o manejo del suelo.

c) Reposición

- Identificar y reemplazar plantas que no sobrevivan en los primeros meses.

Conclusión

La adaptación al medio ambiente local requiere una combinación de selección adecuada de especies, aclimatación de las plántulas, manejo del sitio y técnicas de monitoreo. La clave es replicar, en la medida de lo posible, las condiciones naturales de las plantas para maximizar su éxito en el establecimiento.

Capítulo 5: Cultivo y Mantenimiento Inicial

El **cultivo y mantenimiento inicial** de plantas es una fase crítica en proyectos de reforestación, restauración ecológica o agricultura. Durante este periodo, las plantas son más vulnerables a factores ambientales, plagas y enfermedades, por lo que una atención adecuada asegura su desarrollo saludable y su adaptación al entorno.

1. Preparación del Suelo y la Plantación

a) Preparación del Suelo

1. **Análisis de suelo**
   - Determinar la textura, pH y disponibilidad de nutrientes.
   - Corregir deficiencias con compost, enmiendas orgánicas o fertilizantes.
2. **Mejoramiento del drenaje**
   - En suelos compactados, realizar subsolado o labranza profunda para facilitar el desarrollo radicular y la infiltración de agua.
3. **Incorporación de micorrizas**
   - Estas asociaciones simbióticas mejoran la absorción de agua y nutrientes.

b) Plantación

1. **Época adecuada**
   - Realizar la plantación al inicio de la temporada de lluvias para reducir el estrés hídrico.
2. **Espaciamiento**
   - Asegurar una distancia adecuada entre plantas según la especie, para minimizar la competencia.
3. **Profundidad de siembra**
   - Plantar las plántulas al nivel del cuello de la raíz, evitando enterrar el tallo o exponer las raíces.

2. Riego

a) Riego inicial

- Aplicar abundante agua inmediatamente después de la plantación para eliminar bolsas de aire y garantizar el contacto de las raíces con el suelo.

b) Frecuencia y método

1. **Primeras semanas**

- Riego frecuente, dependiendo de las condiciones climáticas, hasta que las raíces se establezcan.
2. **Métodos recomendados**
    - **Goteo**: Ideal para ahorro de agua y suministro constante.
    - **Riego manual**: En áreas pequeñas o zonas inaccesibles para sistemas mecanizados.

3. Protección de las Plantas

a) Control de malezas

1. **Acolchado (mulching)**
    - Aplicar una capa de paja, hojas secas o plástico biodegradable alrededor de la base de las plántulas.
    - Ventajas:
        - Reduce la evaporación.
        - Minimiza el crecimiento de malezas.
2. **Deshierbe manual o mecánico**
    - Retirar malezas regularmente, especialmente en los primeros 3-6 meses.

b) Protección contra plagas y enfermedades

1. **Inspección regular**
    - Revisar hojas, tallos y raíces para detectar señales tempranas de infestaciones.
2. **Control biológico**
    - Usar depredadores naturales, como mariquitas o avispas, para combatir plagas.
3. **Tratamientos preventivos**
    - Aplicar bioinsecticidas o fungicidas naturales, si es necesario.

c) Protección física

- Colocar tutores para sostener plántulas frágiles.
- Usar mallas protectoras contra animales herbívoros o roedores.

4. Fertilización Inicial

a) Fertilización balanceada

1. **Nutrientes esenciales**
    - Aplicar fertilizantes ricos en nitrógeno (N) para estimular el desarrollo vegetativo.
    - Complementar con fósforo (P) y potasio (K) para favorecer el desarrollo radicular y la resistencia al estrés.
2. **Dosis moderada**

- Evitar sobrefertilización, especialmente en especies nativas adaptadas a suelos pobres.

b) Métodos de aplicación

1. **Directo al suelo**
   - Colocar el fertilizante en la base de la planta, evitando el contacto directo con el tallo o las raíces.
2. **Fertirrigación**
   - Mezclar nutrientes con el agua de riego para una distribución uniforme.

5. Monitoreo y Evaluación Inicial

a) Observación regular

- Revisar semanalmente el estado de las plantas para identificar:
  - Crecimiento anormal.
  - Signos de estrés hídrico o nutricional.
  - Plagas o enfermedades emergentes.

b) Indicadores de éxito

- **Crecimiento**:
  - Incremento constante en altura, número de hojas y desarrollo radicular.
- **Estado foliar**:
  - Hojas verdes, sin manchas ni amarillamiento.
- **Estabilidad**:
  - Raíces bien ancladas y resistencia del tallo a los vientos.

6. Manejo de Factores Climáticos

a) En áreas secas

1. **Uso de hidrogel:**
   - Retenedores de agua que mantienen la humedad en el suelo por más tiempo.
2. **Riego estratégico:**
   - Priorizar las horas frescas del día para minimizar la evaporación.

b) En zonas frías

1. **Coberturas térmicas:**
   - Proteger las plántulas con mantas o plásticos en caso de heladas ligeras.
2. **Barreras contra el viento:**
   - Colocar cortavientos naturales o artificiales.

7. Reposición y Ajustes

- Durante los primeros 6 meses, identificar plantas que no sobrevivan y reemplazarlas para evitar espacios vacíos que comprometan el éxito del proyecto.

Conclusión

El cultivo y mantenimiento inicial requiere un enfoque integral que considere el suelo, el agua, los nutrientes, y la protección de las plantas. Un monitoreo constante y la intervención temprana en caso de problemas garantizarán un establecimiento exitoso y el desarrollo vigoroso de las plantas.

Preparación del suelo: materiales para retención y drenaje

La **preparación del suelo** para proyectos de reforestación, cultivos o restauración ecológica debe enfocarse en equilibrar la **retención de agua** y el **drenaje**. Este equilibrio es crucial para garantizar que las raíces de las plantas tengan acceso constante a la humedad sin sufrir anegamiento, lo que podría causar asfixia radicular o pudrición. A continuación, se describen los materiales y técnicas más utilizados:

---

1. Materiales para Retención de Agua

a) Materia orgánica

- **Compost**:
  - Aumenta la capacidad del suelo para retener agua y mejora su estructura.
  - Proporciona nutrientes esenciales para las plantas.
- **Humus de lombriz**:
  - Excelente para retención de humedad, además de ser rico en microorganismos benéficos.
- **Residuos vegetales** (paja, hojas trituradas):
  - Ayudan a conservar la humedad en la superficie del suelo y reducen la evaporación.

b) Hidrogeles o polímeros retenedores de agua

- Polímeros que absorben grandes cantidades de agua y la liberan lentamente según las necesidades de las plantas.
- Ideales en zonas áridas o en suelos con baja capacidad de retención.

c) Turba

- Material orgánico ligero que mejora la retención de agua en suelos arenosos.
- Es natural, pero debe usarse con moderación debido a su extracción no sostenible en algunas regiones.

d) Arcilla en polvo o bentonita

- Mejora la capacidad de retención de agua en suelos muy arenosos.
- Crea una estructura más compacta que evita la rápida filtración del agua.

---

2. Materiales para Drenaje

a) Arena gruesa

- Incrementa el drenaje en suelos compactos o arcillosos.
- Se mezcla con el suelo en proporciones variables según la compactación inicial.

b) Grava o piedra volcánica

- Facilita el drenaje al fondo de los hoyos de plantación o en suelos con tendencia al encharcamiento.
- Proporciona espacio para que el agua fluya sin compactar el suelo.

c) Perlita

- Mineral volcánico ligero que mejora tanto el drenaje como la aireación.
- Utilizado principalmente en sustratos o mezclas para plántulas en viveros.

d) Vermiculita

- Similar a la perlita, pero con una mayor capacidad para retener humedad, lo que la hace útil en combinación con otros materiales.

e) Carbonato de calcio (piedra caliza triturada)

- Ayuda a romper capas compactas en suelos arcillosos.
- Mejora el drenaje al tiempo que ajusta el pH de suelos ácidos.

3. Mezclas Combinadas para Balancear Retención y Drenaje

Dependiendo del tipo de suelo y el objetivo del proyecto, se pueden utilizar combinaciones de materiales:

1. **Suelos arenosos (baja retención de agua)**
   - **Mezcla recomendada**:
     - 60% suelo nativo.
     - 20% compost o humus de lombriz.
     - 10% turba o bentonita.
     - 10% hidrogel (en zonas áridas).
2. **Suelos arcillosos (baja capacidad de drenaje)**
   - **Mezcla recomendada**:
     - 50% suelo nativo.
     - 20% arena gruesa o grava.
     - 15% compost o materia orgánica.
     - 10% perlita o vermiculita.
     - 5% piedra caliza triturada.
3. **Suelos mixtos (equilibrados pero con compactación moderada)**
   - **Mezcla recomendada**:
     - 70% suelo nativo.

- 20% materia orgánica (compost o humus).
- 10% arena gruesa o perlita.

4. Técnicas Adicionales para Mejorar Retención y Drenaje

a) Subsolado

- Labranza profunda para romper capas compactadas del suelo y mejorar el drenaje.
- Ideal en terrenos degradados o con suelos arcillosos.

b) Terrazas o zanjas de infiltración

- En áreas con pendiente, estas estructuras ayudan a captar agua y evitar el escurrimiento, mejorando la infiltración.

c) Canales de drenaje

- Útiles en áreas propensas al encharcamiento; permiten redirigir el exceso de agua.

d) Acolchado (mulching)

- Cubrir el suelo con materia orgánica para evitar la evaporación y regular la temperatura del suelo.

5. Consideraciones Ecológicas

- **Uso sostenible de materiales**:
  - Preferir compost local o alternativas sostenibles como biochar en lugar de turba.
- **Impacto en la biodiversidad del suelo**:
  - Incorporar enmiendas que favorezcan la actividad de microorganismos benéficos.
- **Adaptación al clima y al suelo**:
  - Realizar ajustes según el tipo de ecosistema y las necesidades específicas de las especies a plantar.

Conclusión

La elección de los materiales y técnicas para retención y drenaje debe ajustarse al tipo de suelo y las condiciones climáticas del lugar. Un suelo bien preparado no solo favorece el establecimiento de las plantas, sino que también contribuye al equilibrio hídrico y la sostenibilidad del ecosistema.

Distancia ideal entre plantas

La **distancia ideal entre plantas** depende de diversos factores, como el tipo de planta, sus características de crecimiento, el objetivo del cultivo (reforestación, producción agrícola, paisajismo), y las condiciones del terreno. Aquí se explican las principales consideraciones y valores aproximados:

---

1. Factores que Determinan la Distancia

a) Tipo de planta

- **Árboles:**
    - Requieren mayor espacio debido a su tamaño y sistema radicular amplio.
- **Arbustos:**
    - Distancias intermedias; suelen formar copas menos extensas que los árboles.
- **Hierbas o plantas de menor porte:**
    - Pueden sembrarse con espacios más reducidos.

b) Ritmo de crecimiento

- Las especies de crecimiento rápido necesitan más espacio para evitar competencia por luz, agua y nutrientes.

c) Propósito del cultivo

- **Reforestación:**
    - La distancia debe equilibrar el crecimiento saludable y la cobertura eficiente del área.
- **Producción agrícola:**
    - Se busca maximizar el rendimiento, ajustando la densidad según las necesidades del cultivo.
- **Conservación ecológica:**
    - Las distancias deben replicar el patrón natural de las especies en su ecosistema.

d) Tipo de suelo y disponibilidad de recursos

- En suelos pobres o zonas áridas, se necesitan distancias mayores para reducir la competencia.
- En suelos ricos, se pueden plantar a distancias menores.

e) Interacción entre especies (asociaciones)

- En plantaciones mixtas, algunas especies complementan su crecimiento al compartir recursos de manera eficiente (ejemplo: árboles altos con arbustos bajos).

2. Distancias Aproximadas por Tipo de Planta

a) Árboles

- **Especies grandes** (pinos, robles, cedros):
  - 3-5 metros entre individuos.
  - 6-8 metros entre filas.
- **Especies medianas** (acacias, jacarandas):
  - 2-4 metros entre individuos.
  - 4-6 metros entre filas.

b) Arbustos

- 1-2 metros entre plantas.
- 2-3 metros entre filas.

c) Herbáceas o plantas pequeñas

- **Cultivos densos** (hierbas medicinales, flores):
  - 20-50 cm entre plantas.
  - 50-100 cm entre filas.
- **Cultivos hortícolas** (lechugas, zanahorias):
  - 15-30 cm entre plantas.
  - 30-50 cm entre filas.

3. Distancias en Reforestación

a) Bosques densos o de especies pioneras

- **Espaciado inicial**:
  - 2-3 metros entre árboles.
- Ventaja: rápida cobertura del área.
- Desventaja: posible competencia futura que requiera poda o aclareo.

b) Bosques mixtos o conservacionistas

- Incorporar varias especies con diferentes alturas y ritmos de crecimiento:
  - Árboles grandes: 4-6 metros.
  - Árboles pequeños: 2-3 metros.
  - Arbustos: 1-2 metros alrededor de los árboles.

c) Áreas áridas o degradadas

- Distancia mayor para reducir la competencia:
    - 4-6 metros entre árboles grandes.
    - 2-3 metros entre arbustos o especies adaptadas al clima seco.

4. Distancias en Agricultura o Jardinería

a) Cultivos intensivos

- Ejemplo: hortalizas o plantas ornamentales.
    - Lechugas: 15-20 cm.
    - Tomates: 30-50 cm entre plantas, 70-100 cm entre filas.
    - Flores como caléndulas o girasoles: 20-50 cm.

b) Sistemas agroforestales

- Árboles frutales (mango, aguacate):
    - 6-8 metros entre árboles en monocultivo.
    - 8-10 metros en sistemas agroforestales con cultivos menores debajo.
- Plantas complementarias:
    - Círculos concéntricos de arbustos (2-3 m) o herbáceas (50 cm).

5. Consideraciones Ecológicas y de Diseño

a) Competencia por recursos

- Mantener una separación suficiente para minimizar el estrés por agua, luz y nutrientes.

b) Uso eficiente del espacio

- En áreas pequeñas, intercalar especies de diferentes portes para maximizar la cobertura sin agotar los recursos.

c) Conectividad ecológica

- En reforestación, garantizar corredores de biodiversidad mediante una distribución equilibrada y mixta de especies.

Conclusión

La distancia ideal entre plantas varía según su tamaño, tipo, propósito del cultivo y las condiciones locales. Aunque las medidas estándar proporcionan una guía general, siempre es útil adaptar las distancias según las características específicas del sitio y los objetivos del proyecto. Un diseño adecuado garantizará el éxito a largo plazo del sistema plantado.

Fertilización recomendada en las primeras etapas

La **fertilización en las primeras etapas** del desarrollo de las plantas es crucial para promover un crecimiento vigoroso y un buen establecimiento radicular. Durante este período, las plantas requieren principalmente nitrógeno (N) para el desarrollo foliar, fósforo (P) para estimular el sistema radicular y potasio (K) para fortalecer los tejidos y aumentar su resistencia a condiciones adversas. Aquí se detalla un plan recomendado:

1. Necesidades de Nutrientes en las Primeras Etapas

a) Macronutrientes esenciales

1. **Nitrógeno (N)**
    - Estimula el crecimiento vegetativo (hojas y tallos).
    - Importante para la formación de proteínas y clorofila.
2. **Fósforo (P)**
    - Fundamental para el desarrollo del sistema radicular.
    - Mejora la transferencia de energía y la fotosíntesis.
3. **Potasio (K)**
    - Fortalece los tejidos vegetales y regula el balance hídrico.
    - Aumenta la resistencia al estrés hídrico y enfermedades.

b) Micronutrientes clave

- **Calcio (Ca):** Ayuda a fortalecer las paredes celulares.
- **Magnesio (Mg):** Componente central de la clorofila, necesario para la fotosíntesis.
- **Hierro (Fe), Zinc (Zn) y Boro (B):** Indispensables para el metabolismo y la formación de enzimas.

2. Tipos de Fertilizantes Recomendados

a) Fertilizantes orgánicos

1. **Compost**
    - Proporciona una liberación lenta de nutrientes.
    - Mejora la estructura del suelo y fomenta la actividad microbiana.
2. **Humus de lombriz**
    - Rico en nitrógeno y materia orgánica.
    - Favorece el enraizamiento y el desarrollo temprano.
3. **Guano**
    - Fuente natural de fósforo y nitrógeno.
    - Ideal para suelos pobres en fósforo.
4. **Biofertilizantes**

- Inoculantes de microorganismos benéficos (micorrizas, rizobios) que mejoran la disponibilidad de nutrientes.

b) Fertilizantes químicos o sintéticos

1. **Formulaciones NPK**
   - Para plántulas: fórmulas balanceadas como **10-20-10** o **12-24-12**.
   - Proporción más alta de fósforo para estimular las raíces.
2. **Nitrofoska**
   - Contiene N, P, K en proporciones variables; útil para ajustes específicos.
3. **Micronutrientes quelatados**
   - Se aplican en suelos con deficiencias específicas (ejemplo: hierro quelatado para suelos alcalinos).

3. Métodos de Aplicación

a) En el momento de la plantación

1. **Incorporación en el suelo**
   - Mezclar fertilizante orgánico o químico con el suelo de plantación, evitando el contacto directo con las raíces para prevenir quemaduras.
2. **Fertilizantes de liberación lenta**
   - Colocar gránulos en la base del hoyo para garantizar un suministro gradual de nutrientes.

b) Durante el mantenimiento inicial

1. **Riego fertilizante (fertirrigación)**
   - Diluir fertilizantes líquidos o solubles en agua y aplicarlos directamente a la base de las plantas.
2. **Aplicación foliar**
   - Pulverizar soluciones de micronutrientes en hojas jóvenes para una rápida absorción.
   - Ideal para tratar deficiencias específicas (por ejemplo, hierro o zinc).
3. **Cobertura alrededor de la planta**
   - Incorporar compost, humus o fertilizantes granulados en la superficie, a unos centímetros del tallo.

4. Frecuencia de Aplicación

1. **Plántulas recién trasplantadas**
   - Primera fertilización: **7-10 días después del trasplante**, una vez que las raíces comiencen a establecerse.
2. **Seguimiento inicial**

- Fertilización ligera cada **15-20 días** durante los primeros 2-3 meses.
- Ajustar según el crecimiento y las necesidades específicas.

5. Precauciones

1. **Evitar sobrefertilización**
   - Exceso de nitrógeno puede causar un crecimiento vegetativo excesivo y débil.
   - Demasiado fósforo puede afectar la absorción de otros nutrientes como el zinc.
2. **Cuidado con raíces jóvenes**
   - Fertilizantes concentrados (especialmente químicos) pueden quemar raíces si se aplican directamente.
3. **Ajuste al tipo de suelo**
   - Realizar un análisis de suelo antes de aplicar fertilizantes para determinar deficiencias específicas.

6. Ejemplo de Plan de Fertilización

a) Semana 1-4 (desarrollo inicial)

- Aplicar compost o humus de lombriz mezclado con el suelo.
- Fertilización líquida con una fórmula **10-20-10**, diluida al 50% de la dosis recomendada.

b) Semana 5-8 (crecimiento activo)

- Fertilización granular con **12-24-12** cada 15 días.
- Complementar con aplicaciones foliares de micronutrientes.

c) A partir de la semana 9

- Continuar con fertilización balanceada, ajustando la proporción de nitrógeno para favorecer el desarrollo vegetativo.

Conclusión

La fertilización en las primeras etapas debe ser moderada, priorizando el desarrollo radicular y un crecimiento balanceado. Es importante combinar fuentes orgánicas y sintéticas según las necesidades del suelo y las plantas, y ajustar la frecuencia y la dosis basándose en el monitoreo constante de su crecimiento.

Capítulo 6: Plantación en Campo

Plantación en Campo

1. Preparación del Sitio de Plantación

- **Evaluación del terreno**:
    o Análisis del suelo (pH, nutrientes, textura).
    o Verificación de las condiciones climáticas y la topografía.
- **Limpieza y preparación**:
    o Eliminación de vegetación no deseada.
    o Labranza superficial para mejorar la aireación del suelo.
- **Marcado del terreno**:
    o Determinación de distancias entre plantas (especificar según especie).
    o Uso de estacas, cuerdas y niveladores para garantizar un trazado uniforme.

2. Preparación del Hoyo de Plantación

- Tamaño del hoyo:
    o Profundidad y diámetro ideales según el tamaño de la planta.
- Enmiendas al suelo:
    o Incorporación de materia orgánica o compost.
    o Uso de fertilizantes recomendados (detallar si aplicas orgánicos o químicos).
    o Hidrogel o materiales para retención de agua en áreas de baja precipitación.

3. Trasplante de Plántulas

- **Selección de plántulas**:
    o Especificar los criterios (altura, vigor, ausencia de plagas).
- **Método de trasplante**:
    o Extracción cuidadosa del cepellón.
    o Posicionamiento de las raíces (asegurar contacto adecuado con el suelo).
    o Compactación ligera del suelo alrededor del tallo.

4. Riego Inicial

- Cantidad de agua necesaria durante el trasplante.
- Frecuencia del riego en las primeras semanas.
- Métodos de riego (manual, goteo, aspersión).

5. Protección Post-Plantación

- **Protección contra plagas**:
    o Colocación de barreras físicas o aplicación de repelentes orgánicos.
- **Control de la fauna**:

- o   Uso de protectores de tallo para evitar daño por roedores o animales de pastoreo.
- **Sombrado**:
  - o   Instalación de mallas de sombra temporal en áreas de alta radiación solar.

6. Seguimiento y Cuidados

- Inspecciones periódicas para verificar la adaptación.
- Identificación y corrección de problemas:
  - o   Signos de estrés hídrico.
  - o   Síntomas de deficiencias nutricionales.
- Registro de supervivencia y crecimiento para evaluar el éxito del trasplante.

Diseño y Planificación del Espacio

1. Evaluación Inicial del Terreno

- **Análisis del lugar**:
    - Tipo de suelo: textura, pH, y contenido de materia orgánica.
    - Clima: temperaturas promedio, precipitación, y estaciones de crecimiento.
    - Topografía: pendientes, orientación, y drenaje natural.
- **Biodiversidad existente**:
    - Identificación de flora y fauna nativa.
    - Evaluación del impacto sobre las especies locales.

2. Objetivos del Diseño

- Conservación de especies endémicas.
- Incremento de la biodiversidad local.
- Estabilización del suelo y mejora del microclima.
- Uso estético o funcional del espacio (por ejemplo, cortinas rompe-vientos, recuperación de áreas degradadas).

3. Zonificación del Espacio

- **Áreas de plantación intensiva**:
    - Zonas con mayor densidad de plantas adaptadas al suelo y condiciones.
- **Espacios de amortiguamiento**:
    - Áreas entre plantaciones para minimizar erosión o proteger especies sensibles.
- **Caminos y accesos**:
    - Diseño de senderos para facilitar el mantenimiento y monitoreo.
- **Puntos de drenaje y captación de agua**:
    - Sistemas de captación de lluvia o terrazas para retener agua y evitar escorrentías.

4. Elección de Especies y Asociaciones

- **Compatibilidad de especies**:
    - Asociaciones benéficas (por ejemplo, plantas fijadoras de nitrógeno con árboles de alto consumo).
    - Evitar especies invasoras o que compitan entre sí.
- **Diversificación**:
    - Uso de diferentes especies endémicas para resistir plagas y enfermedades.
- **Estrategias de sucesión ecológica**:
    - Plantación de especies pioneras seguidas de especies de mayor exigencia ecológica.

5. Densidad y Distribución

- **Distancia entre plantas**:
  - Basada en el tamaño adulto de cada especie.
- **Patrones de distribución**:
  - Lineales, hexagonales o mixtos según el objetivo (protección del suelo, reforestación, o estética).
- **Cobertura de suelo**:
  - Plantas de crecimiento bajo para cubrir espacios entre especies mayores y evitar erosión.

6. Factores de Diseño Sustentable

- **Reciclaje de recursos**:
  - Uso de composta local y restos de poda.
- **Infraestructura mínima**:
  - Sistemas de riego por goteo o acequias para optimizar el uso del agua.
- **Materiales naturales**:
  - Uso de madera, piedras o elementos del entorno para delimitar áreas.

7. Cronograma de Implementación

- **Fases del proyecto**:
  - Preparación del terreno.
  - Plantación inicial y monitoreo.
  - Mantenimiento a mediano y largo plazo.
- **Priorización por áreas**:
  - Comenzar por zonas críticas como áreas con alta erosión o suelos más pobres.

8. Consideraciones Estéticas y Funcionales

- Uso de plantas con floración escalonada para mantener atractivo visual todo el año.
- Incorporación de elementos culturales o tradicionales en el diseño (por ejemplo, cercas vivas con plantas nativas).

Este esquema asegura que el diseño del espacio sea funcional, sostenible y visualmente armonioso, además de alinearse con los objetivos ecológicos de reforestar con plantas endémicas.

Técnicas de Plantación según el Tipo de Terreno

1. Terreno Plano

- **Características principales**:
    - Suelos profundos y homogéneos.
    - Drenaje natural moderado.
- **Técnica de plantación**:
    - **Hoyos de plantación estándar**:
        - Tamaño: 2-3 veces el diámetro del cepellón.
        - Enmiendas: Incorporar materia orgánica si el suelo es pobre.
    - **Distribución**:
        - Patrones regulares (lineal o cuadrado).
    - **Riego**:
        - Uso de riego por goteo o aspersión si el clima es seco.

2. Terreno Inclinado o Pendiente

- **Características principales**:
    - Suelos propensos a erosión.
    - Escorrentía rápida del agua.
- **Técnica de plantación**:
    - **Bancos de contención**:
        - Construcción de terrazas o niveles para estabilizar el suelo.
        - Hoyos ubicados dentro de las terrazas.
    - **Hoyos con bordos**:
        - Formar un pequeño muro aguas abajo del hoyo para retener agua.
    - **Cobertura del suelo**:
        - Plantar cobertura vegetal para proteger contra erosión.
    - **Riego**:
        - Captación de agua de lluvia mediante zanjas de infiltración.

3. Terreno Arenoso

- **Características principales**:
    - Baja retención de agua.
    - Suelos sueltos y pobres en nutrientes.
- **Técnica de plantación**:
    - **Acondicionamiento del hoyo**:
        - Añadir compost o estiércol para mejorar la retención de agua.
        - Uso de hidrogel o arcillas especiales.
    - **Profundidad del hoyo**:
        - Más profundo para evitar desecación rápida.
    - **Riego**:
        - Aplicaciones frecuentes en las primeras etapas.
    - **Cobertura vegetal**:

- Utilizar mantillo o materiales orgánicos para evitar evaporación.

4. Terreno Rocoso

- **Características principales**:
    - Baja profundidad del suelo.
    - Poca disponibilidad de nutrientes.
- **Técnica de plantación**:
    - **Hoyos amplificados**:
        - Retirar las rocas grandes y cavar hasta alcanzar una profundidad mínima adecuada.
    - **Uso de plantas pioneras**:
        - Plantar especies que se adapten a suelos pobres inicialmente.
    - **Enmiendas**:
        - Añadir tierra vegetal o compost en el hoyo.
    - **Riego**:
        - Estrategias localizadas (riego por goteo o uso de botellas enterradas).

5. Terreno con Suelos Arcillosos

- **Características principales**:
    - Retención de agua excesiva.
    - Propensos a compactación.
- **Técnica de plantación**:
    - **Drenaje del hoyo**:
        - Colocar una capa de grava en el fondo.
        - Evitar el estancamiento de agua.
    - **Aireación del suelo**:
        - Mezclar arena o materia orgánica para mejorar la textura.
    - **Bordos elevados**:
        - Plantar sobre pequeñas elevaciones para prevenir acumulación de agua.

6. Terreno con Alta Salinidad

- **Características principales**:
    - Suelos con acumulación de sales.
    - Baja capacidad de retención de agua y nutrientes.
- **Técnica de plantación**:
    - **Lixiviación del suelo**:
        - Lavado previo del terreno con abundante agua para reducir la salinidad.
    - **Elección de especies**:
        - Plantas endémicas tolerantes a la salinidad.
    - **Enmiendas**:
        - Uso de compost y materia orgánica para mejorar la estructura del suelo.

- Riego:
  - Riego frecuente para evitar acumulación de sales.

7. Terreno con Baja Fertilidad

- **Características principales**:
  - Falta de nutrientes esenciales.
  - Baja actividad microbiológica.
- **Técnica de plantación**:
  - **Biofertilización**:
    - Inoculación con micorrizas o bacterias benéficas.
  - **Aplicación de compost o estiércol**:
    - Incorporación previa o durante la plantación.
  - **Rotación de especies**:
    - Plantar leguminosas para enriquecer el suelo antes de introducir otras especies.

Consejos Generales

- Monitorear el crecimiento de las plantas y ajustar los métodos según su respuesta.
- Documentar las técnicas utilizadas para optimizar futuras plantaciones.

Herramientas Recomendadas para Plantación Masiva

1. Herramientas de Preparación del Terreno

- **Para limpieza del terreno**:
    - **Machetes**: Para desbrozar hierbas y arbustos pequeños.
    - **Desbrozadoras motorizadas**: Ideales para áreas extensas con vegetación densa.
    - **Rastrillos y azadones**: Para remover maleza y nivelar el suelo.
- **Para análisis del suelo**:
    - Kits portátiles de prueba de pH y nutrientes.
    - Barreno de suelo para toma de muestras a diferentes profundidades.
- **Para nivelación y drenaje**:
    - Picos y palas reforzadas: Para abrir zanjas y canales de drenaje.
    - Niveladores manuales o láser: Para garantizar pendientes adecuadas en terrenos inclinados.

2. Herramientas para Hacer Hoyos de Plantación

- **Manuales**:
    - **Palas y zapapicos**: Para excavar hoyos individuales en terrenos compactos o pedregosos.
    - **Barrenas manuales**: Útiles para hacer hoyos cilíndricos en suelos arenosos o blandos.
- **Motorizadas**:
    - **Barrenas motorizadas**: Para aumentar la velocidad y uniformidad de los hoyos en proyectos extensos.
    - **Mini retroexcavadoras**: Para áreas con suelos duros o alta densidad de plantación.
- **Accesorios adicionales**:
    - Cubetas para transportar tierra y abono.
    - Plantillas de marcación: Tablas con perforaciones para asegurar distancias uniformes entre los hoyos.

3. Herramientas de Transporte de Plántulas

- **Carretillas y carritos de mano**: Para mover plántulas y materiales a distancias cortas.
- **Bandejas de transporte**: Con celdas individuales para evitar daños a las raíces.
- **Vehículos todoterreno**:
    - Tractores o camionetas adaptadas con remolques.
    - Drones con brazos para transportar plántulas pequeñas (en terrenos difíciles de acceso).

4. Herramientas para Riego Inicial

- **Manuales**:
    - Cubetas con vertedor para riego directo.
    - Aspersores manuales con bomba de mochila.
- **Automatizadas**:
    - Sistemas de riego por goteo preinstalados.
    - Motobombas para extraer agua de fuentes cercanas.
    - Camiones cisterna con brazos extensibles para áreas amplias.

5. Herramientas de Fertilización y Enmiendas

- **Esparcidores manuales**: Para aplicar compost, fertilizantes o enmiendas al suelo.
- **Fertilizadoras de mochila**: Portátiles y ajustables para aplicar cantidades uniformes.
- **Aplicadores de hidrogel**:
    - Especializados para terrenos secos o suelos arenosos.

6. Herramientas de Protección Post-Plantación

- **Protección contra fauna**:
    - Mallas protectoras y estacas de madera para resguardar plántulas jóvenes.
    - Protectores de tallo hechos de PVC o materiales reciclados.
- **Control de plagas**:
    - Pulverizadores manuales para aplicaciones localizadas.
    - Pulverizadores motorizados para áreas extensas.

7. Herramientas Tecnológicas

- **Drones de monitoreo**:
    - Para inspeccionar grandes extensiones y evaluar el progreso.
- **GPS portátil**:
    - Para marcar y registrar ubicaciones exactas de plantación.
- **Aplicaciones móviles**:
    - Software de gestión de proyectos agrícolas para coordinar actividades y registrar datos.

8. Equipos de Seguridad para los Trabajadores

- Cascos de seguridad, guantes resistentes y botas con punta de acero.
- Chalecos reflectantes y gafas de protección.
- Hidratación portátil: Mochilas con depósitos de agua para largas jornadas en campo.

Consejos para la Adquisición de Herramientas

- Priorizar herramientas de calidad y resistencia para un uso prolongado.
- Adaptar el equipo a las condiciones del terreno y al presupuesto disponible.
- Realizar mantenimiento preventivo frecuente para evitar interrupciones en el trabajo.

Capítulo 7: Cuidados Posteriores y Prácticas de Mantenimiento

Cuidados Posteriores y Prácticas de Mantenimiento

1. Inspección Regular de las Plantas

- **Frecuencia de inspección**:
    - Semanal durante el primer mes después de la plantación.
    - Mensual en los siguientes seis meses.
- **Aspectos a evaluar**:
    - Estado general de las hojas y el tallo (color, textura, presencia de daños).
    - Crecimiento de nuevas raíces o brotes.
    - Signos de estrés hídrico, plagas o enfermedades.

2. Riego de Establecimiento

- **Frecuencia**:
    - Diaria durante la primera semana si no hay lluvias.
    - Cada 2-3 días en el primer mes, reduciendo gradualmente.
- **Cantidad de agua**:
    - Suficiente para humedecer la zona radicular sin encharcar.
- **Sistemas recomendados**:
    - Riego por goteo para minimizar el desperdicio.
    - Uso de acolchados orgánicos para reducir la evaporación.

3. Control de Malezas

- **Frecuencia**:
    - Al menos una vez al mes en el primer año.
- **Métodos de control**:
    - Manual: Usar azadones o machetes para retirar malezas cerca de las plantas.
    - Mecánico: Desbrozadoras para áreas extensas.
    - Cubiertas vegetales: Plantar especies de bajo crecimiento que no compitan con las plántulas.

4. Fertilización

- **Primera aplicación**:
    - Dos semanas después de la plantación si es necesario.
- **Tipo de fertilizante**:
    - Compost o estiércol bien descompuesto.
    - Fertilizantes orgánicos o minerales según análisis del suelo.
- **Métodos de aplicación**:
    - Incorporación superficial alrededor de la planta, evitando contacto directo con el tallo.

5. Protección Contra Plagas y Enfermedades

- **Prevención**:
  - Uso de barreras físicas como protectores de tallo.
  - Plantas repelentes intercaladas (por ejemplo, ajo o caléndula).
- **Tratamiento**:
  - Aplicación de extractos orgánicos (neem, ajo, chile).
  - Uso de trampas para insectos específicos.

6. Protección Contra Fauna

- **Medidas para evitar daños**:
  - Colocación de mallas o cercas alrededor de las plantas.
  - Uso de repelentes naturales como extractos de ajo o jabón biodegradable.
  - Instalación de espantapájaros o dispositivos de disuasión visual.

7. Poda y Manejo del Crecimiento

- **Poda de formación**:
  - Eliminar ramas dañadas o mal orientadas en los primeros meses.
- **Poda sanitaria**:
  - Retirar partes enfermas o infestadas para prevenir la propagación de enfermedades.
- **Poda de mantenimiento**:
  - Fomentar un crecimiento equilibrado y vigoroso.

8. Reposición de Plántulas

- **Criterios para reposición**:
  - Plántulas que no sobrevivan el primer mes.
  - Aquellas que no presenten un crecimiento adecuado después de 3 meses.
- **Método**:
  - Replantar en el mismo sitio, mejorando las condiciones del suelo y las prácticas iniciales.

9. Monitoreo del Crecimiento

- **Indicadores clave**:
  - Tasa de supervivencia (porcentaje de plantas vivas después del primer año).
  - Altura promedio y diámetro del tallo.
  - Producción de hojas o floración según la especie.
- **Métodos de registro**:
  - Fichas técnicas individuales.
  - Uso de aplicaciones digitales o drones para monitoreo masivo.

10. Mantenimiento de Infraestructura

- **Sistemas de riego**:
    - Revisar tuberías, bombas y emisores para prevenir fugas.
- **Barreras protectoras**:
    - Reparar mallas o cercas dañadas.
- **Terreno**:
    - Controlar la erosión y restaurar zanjas de captación de agua si es necesario.

11. Evaluación a Largo Plazo

- **Resultados esperados**:
    - Incremento de la biodiversidad en el área.
    - Mejoras en la calidad del suelo.
    - Crecimiento sostenible de las plantas endémicas.
- **Acciones correctivas**:
    - Implementar cambios en la metodología según los resultados observados.

Consejo Final

El cuidado posterior y el mantenimiento son procesos continuos. La planificación adecuada y el monitoreo constante permitirán alcanzar los objetivos de la reforestación y garantizar la sostenibilidad del proyecto.

Riego Eficiente y Sostenibilidad Hídrica

1. Importancia del Riego en la Reforestación

- **Rol del agua**:
    - Favorece el establecimiento inicial de las plantas.
    - Estimula el desarrollo profundo de raíces.
- **Adaptación a las especies endémicas**:
    - Aunque muchas son resistentes, un riego adecuado es esencial durante las etapas iniciales.

2. Estrategias para un Riego Eficiente

- **Optimización del uso del agua**:
    - Riego en horarios tempranos o al atardecer para minimizar la evaporación.
    - Aplicación directa en la base de la planta para reducir el desperdicio.
- **Métodos de riego recomendados**:
    - **Riego por goteo**:
        - Proporciona agua directamente a la zona radicular.
        - Minimiza pérdidas por escorrentía y evaporación.
    - **Riego por microaspersión**:
        - Adecuado para terrenos con varias plantas cercanas.
    - **Botellas enterradas o sistemas de olla**:
        - Libera agua lentamente, ideal para áreas con escasez hídrica.

3. Técnicas de Captación y Conservación de Agua

- **Captación de agua de lluvia**:
    - Instalación de zanjas de infiltración o "media luna" alrededor de las plantas para captar y almacenar agua de lluvia.
    - Uso de cisternas o tanques recolectores para acumular agua pluvial.
- **Conservación de humedad**:
    - Colocación de mantillo orgánico (hojas secas, paja) alrededor de la base de las plantas para reducir la evaporación.
    - Coberturas plásticas biodegradables para terrenos especialmente secos.
- **Aprovechamiento de aguas grises**:
    - Uso de agua reciclada de sistemas domésticos para riego (sin detergentes tóxicos).

4. Diseño de Sistemas de Riego

- **Planificación según el terreno**:
    - Sistemas inclinados con control de escorrentía.
    - Distribución uniforme en terrenos planos con riego por goteo.
- **Selección de materiales**:
    - Mangueras y tuberías de bajo costo pero duraderas.

- Emisores ajustables para diferentes niveles de flujo.

5. Frecuencia y Cantidad de Riego

- **Durante el establecimiento inicial**:
    - Riego diario o cada dos días durante las primeras semanas.
    - Reducir gradualmente a una vez por semana según la adaptación de las plantas.
- **Según la estación**:
    - En temporadas secas: Incrementar frecuencia, priorizando las plantas más jóvenes.
    - En temporadas lluviosas: Ajustar o suspender el riego, monitoreando el suelo.
- **Monitoreo de humedad**:
    - Uso de sensores de humedad para determinar cuándo regar.
    - Técnicas manuales: Introducir un palo en el suelo para evaluar la humedad a profundidad.

6. Uso de Hidrogel y Otros Retenedores de Agua

- **Ventajas del hidrogel**:
    - Incrementa la capacidad del suelo para retener agua.
    - Reduce la frecuencia de riego.
- **Aplicación**:
    - Mezclar en el hoyo de plantación antes de colocar la plántula.
- **Alternativas naturales**:
    - Incorporar compost o arcilla como mejoradores de retención hídrica.

7. Gestión Hídrica Sostenible

- **Evaluación constante**:
    - Medir el consumo de agua y compararlo con las necesidades estimadas.
- **Reducción de desperdicio**:
    - Reparar fugas en sistemas de riego.
    - Capacitar al personal en el uso adecuado de los sistemas instalados.
- **Integración comunitaria**:
    - Promover la participación local en la captación y almacenamiento de agua.
    - Compartir recursos y tecnologías de bajo costo para riego sostenible.

8. Impacto Ambiental y Beneficios a Largo Plazo

- **Mitigación de la escasez hídrica**:
    - Plantas bien establecidas requieren menos riego con el tiempo.
- **Recuperación del ecosistema**:
    - Mayor retención de agua en el suelo gracias a la cobertura vegetal.
    - Reducción de la erosión y mejor infiltración de agua de lluvia.

Consejo Final

Implementar sistemas de riego eficientes y sostenibles no solo garantiza el éxito del proyecto de reforestación, sino que también protege los recursos hídricos para las generaciones futuras.

Uso de Mulching para la Conservación del Agua

El **mulching** es una técnica agrícola que consiste en cubrir la superficie del suelo alrededor de las plantas con materiales orgánicos o sintéticos. Esta práctica es ideal para la conservación de agua, control de malezas y mejora de las condiciones del suelo, especialmente en proyectos de reforestación con plantas endémicas.

---

1. Beneficios del Mulching

- **Conservación de agua**:
    - Reduce la evaporación del agua del suelo.
    - Mantiene la humedad constante en la zona radicular.
- **Regulación térmica**:
    - Aisla el suelo, manteniéndolo más fresco en climas cálidos y más cálido en climas fríos.
- **Control de malezas**:
    - Inhibe el crecimiento de hierbas competidoras que consumen agua y nutrientes.
- **Mejora del suelo**:
    - Los materiales orgánicos se descomponen con el tiempo, enriqueciendo el suelo con materia orgánica.

---

2. Tipos de Mulching

a. Orgánico

- **Materiales comunes**:
    - Hojas secas.
    - Paja o heno.
    - Restos de poda triturados.
    - Cáscaras de frutas o vegetales.
    - Compost parcialmente descompuesto.
- **Ventajas**:
    - Se descompone, mejorando la estructura del suelo.
    - Atrae microorganismos y lombrices que benefician la fertilidad del suelo.
- **Consideraciones**:
    - Requiere renovación periódica, ya que se degrada con el tiempo.

b. Inorgánico

- **Materiales comunes**:
    - Plásticos agrícolas (biodegradables o no).

- Geotextiles.
- Piedras o grava (en áreas áridas).
- **Ventajas**:
  - Mayor durabilidad.
  - Mejor control de malezas en comparación con el orgánico.
- **Consideraciones**:
  - No contribuye a la fertilidad del suelo.
  - Puede generar residuos si no se utiliza material biodegradable.

---

3. Cómo Aplicar el Mulching

Preparación del Suelo

1. Limpia el área alrededor de la planta eliminando malezas y piedras.
2. Riega el suelo antes de aplicar el mulch para asegurar que esté húmedo.

Colocación del Mulching

1. Distribuye el material uniformemente alrededor de la base de la planta, formando un círculo.
2. Deja un espacio de al menos 5-10 cm entre el mulch y el tallo para evitar acumulación de humedad que cause pudrición.
3. Aplica una capa de 5-10 cm de espesor para maximizar la efectividad.

Renovación y Mantenimiento

- Verifica periódicamente la cobertura y repón el material según sea necesario.
- En caso de usar materiales orgánicos, retira los restos degradados antes de colocar una nueva capa.

---

4. Consideraciones según el Tipo de Proyecto

Para Climas Secos

- Prefiere materiales como plástico biodegradable o grava para conservar la humedad en suelos arenosos.
- Usa acolchados de color claro para reflejar el calor.

Para Climas Húmedos

- Utiliza mulch orgánico como paja o restos de poda para evitar encharcamientos.
- Coloca el mulch de forma suelta para permitir la aireación del suelo.

5. Impacto en la Conservación del Agua

- Se estima que el uso de mulching puede reducir la necesidad de riego en hasta un 50%, dependiendo del clima y el tipo de suelo.
- Mejora la infiltración del agua de lluvia, reduciendo el escurrimiento superficial.

6. Ejemplo Práctico de Mulching en Reforestación

En un proyecto de reforestación de plantas endémicas en una región semiárida:

- **Material empleado**: Hojas secas y paja.
- **Resultados**:
    - Reducción del riego de 3 veces por semana a 1 vez por semana en el primer año.
    - Incremento de la supervivencia de plántulas en un 30%.

El **mulching** no solo conserva agua, sino que también mejora la sostenibilidad del suelo y la eficiencia del proyecto. Su implementación es sencilla, económica y adaptable a diferentes condiciones climáticas y tipos de terreno.

Control de Plagas y Enfermedades

Este capítulo aborda las estrategias más efectivas para prevenir, identificar y controlar plagas y enfermedades en proyectos de reforestación con plantas endémicas. Estas prácticas minimizan el impacto ambiental y aseguran la salud de las plantas a largo plazo.

1. Prevención: La Mejor Estrategia

- **Selección de plantas saludables**:
    - Elige plántulas vigorosas, libres de daños visibles o deformidades.
- **Condiciones óptimas de cultivo**:
    - Suelo con buen drenaje y rica materia orgánica.
    - Espaciado adecuado para evitar la propagación de plagas y enfermedades.
- **Diversidad de especies**:
    - Incluye diferentes especies endémicas para reducir el riesgo de infestaciones específicas.

2. Identificación Temprana

- **Signos comunes de plagas**:
    - **Hojas perforadas o mordidas**: Indican insectos masticadores como orugas o escarabajos.
    - **Presencia de insectos**: Colonias de pulgones, ácaros o moscas blancas.
    - **Excreciones pegajosas**: Indican la presencia de insectos chupadores.
- **Signos comunes de enfermedades**:
    - **Manchas en hojas o tallos**: Podrían ser hongos o bacterias.
    - **Marchitamiento súbito**: Indica infecciones en las raíces o tallos.
    - **Crecimientos anormales**: Tumores o agallas por bacterias o insectos.

3. Métodos de Control Integrado de Plagas (MIP)

a. Control Cultural

- **Rotación y asociación de cultivos**:
    - Alterna áreas de plantación y mezcla especies repelentes como ajo o caléndula.
- **Eliminación de residuos infectados**:
    - Retira restos vegetales infectados para evitar la propagación.
- **Mejora de la ventilación**:
    - Evita el hacinamiento para reducir la humedad, ambiente ideal para hongos.

b. Control Biológico

- **Depredadores naturales**:
    - Introduce mariquitas para controlar pulgones.
    - Libera avispas parasitoides para reducir insectos dañinos.
- **Hongos y bacterias beneficiosas**:
    - Aplicación de *Beauveria bassiana* contra insectos.
    - Uso de *Trichoderma* para prevenir hongos patógenos.

c. Control Mecánico

- **Recolección manual**:
    - Retira insectos visibles, especialmente en infestaciones leves.
- **Trampas**:
    - Adhesivas para moscas blancas.
    - Cebo para insectos específicos, como hormigas o gusanos.

d. Control Químico

- **Bioinsecticidas**:
    - Extractos de neem, ajo o chile.
    - Jabón potásico para insectos de cuerpo blando.
- **Fungicidas naturales**:
    - Bicarbonato de sodio o extractos de cola de caballo.
- **Químicos convencionales (uso limitado)**:
    - Sólo en casos extremos y bajo supervisión técnica.

---

4. Estrategias de Manejo de Enfermedades

a. Enfermedades Fúngicas

- **Prevención**:
    - Evitar riegos excesivos.
    - Promover suelos bien drenados.
- **Tratamiento**:
    - Aplicación de sulfato de cobre o fungicidas orgánicos.

b. Enfermedades Bacterianas

- **Prevención**:
    - Desinfección de herramientas antes de podar.
    - Uso de plántulas certificadas.
- **Tratamiento**:
    - Aplicación de productos a base de cobre o antibacteriales específicos.

c. Enfermedades Virales

- **Prevención**:
    - Eliminar plantas infectadas para evitar que sirvan de reservorio.
    - Control estricto de insectos vectores como áfidos.
- **Tratamiento**:
    - No existe cura; enfoque en la prevención y eliminación inmediata.

5. Monitoreo Continuo

- **Frecuencia**:
    - Semanal en el primer año de plantación.
    - Mensual después del establecimiento de las plantas.
- **Técnicas de monitoreo**:
    - Inspección visual de hojas, tallos y suelos.
    - Uso de trampas para evaluar niveles de plagas.
    - Análisis de muestras de suelo para detectar enfermedades radiculares.

6. Ejemplo de Manejo Integrado

En una reforestación de plantas endémicas con alta incidencia de pulgones:

- **Acción preventiva**: Cultivo intercalado con ajo y caléndula.
- **Acción correctiva**: Aplicación de jabón potásico y liberación de mariquitas.
- **Resultado**: Control de la plaga en 3 semanas sin necesidad de químicos sintéticos.

7. Impacto en la Sostenibilidad

- **Reducción del uso de químicos**: Minimiza efectos secundarios en el ecosistema.
- **Mayor supervivencia**: Incrementa las tasas de éxito en la reforestación.
- **Conservación del hábitat**: Favorece la coexistencia de plantas, animales y microorganismos benéficos.

El control de plagas y enfermedades en reforestación es un proceso dinámico que requiere prevención, monitoreo y la aplicación de medidas correctivas sostenibles.

Capítulo 8: Poda, Fertilización y Crecimiento Saludable

Poda, Fertilización y Crecimiento Saludable

Este capítulo aborda las prácticas fundamentales para mantener el crecimiento saludable de plantas endémicas, centrándose en la poda, la fertilización y los cuidados necesarios para garantizar su desarrollo óptimo.

1. La Poda: Propósito y Técnicas

a. Importancia de la Poda

- Estimula el crecimiento de ramas nuevas.
- Ayuda a dar forma a la planta y eliminar ramas enfermas o muertas.
- Mejora la circulación de aire y la penetración de luz, reduciendo el riesgo de enfermedades.

b. Tipos de Poda

1. **Poda de Formación**:
   - Se realiza en las primeras etapas de crecimiento.
   - Dirige la forma y estructura de la planta.
2. **Poda de Mantenimiento**:
   - Elimina ramas secas, enfermas o dañadas.
   - Mantiene la planta en buen estado.
3. **Poda de Renovación**:
   - Se aplica en plantas maduras para revitalizar su crecimiento.

c. Herramientas Recomendadas

- Tijeras de podar para ramas pequeñas.
- Serruchos para ramas gruesas.
- Desinfectar herramientas antes y después de cada uso para prevenir enfermedades.

d. Época Ideal para Podar

- Durante el reposo vegetativo (invierno o época seca).
- Evitar podas severas en períodos de floración o fructificación.

2. Fertilización: Nutrición Adecuada para el Crecimiento

a. Importancia de la Fertilización

- Reemplaza los nutrientes que el suelo no puede suministrar.
- Mejora la resistencia a plagas y enfermedades.
- Promueve un crecimiento vigoroso y saludable.

b. Tipos de Fertilizantes

1. **Orgánicos**:
   - Compost, estiércol bien descompuesto, humus de lombriz.
   - Aportan nutrientes lentamente y mejoran la estructura del suelo.
2. **Inorgánicos**:
   - Fertilizantes granulados o líquidos (NPK: nitrógeno, fósforo, potasio).
   - Proporcionan nutrientes de forma rápida, pero deben usarse con moderación.

c. Fertilización Según la Etapa de Crecimiento

- **Etapa Inicial**:
   - Fertilizantes ricos en nitrógeno para estimular el crecimiento de hojas y tallos.
- **Etapa de Desarrollo Radicular**:
   - Fósforo para fortalecer las raíces.
- **Etapa de Madurez**:
   - Potasio para promover la resistencia y calidad de los tejidos.

d. Frecuencia de Fertilización

- Fertilizantes orgánicos: Aplicar cada 3-6 meses.
- Fertilizantes inorgánicos: Cada 1-2 meses, dependiendo de la necesidad del suelo y la planta.

e. Técnicas de Aplicación

- **En el Suelo**:
   - Colocar alrededor de la base de la planta, evitando el contacto directo con el tallo.
   - Incorporar ligeramente al suelo para maximizar su absorción.
- **Foliación**:
   - Aplicar fertilizantes líquidos directamente sobre las hojas en las primeras horas del día.

3. Crecimiento Saludable: Buenas Prácticas

a. Monitoreo Regular

- Revisar el color y textura de las hojas.
- Detectar a tiempo síntomas de deficiencias nutricionales, como hojas amarillentas (falta de nitrógeno) o bordes quemados (exceso de sales).

b. Riego Balanceado

- Evitar tanto el exceso como la falta de agua.
- Mantener el suelo uniformemente húmedo, especialmente durante el primer año de crecimiento.

c. Uso de Mejoradores del Suelo

- Incorporar materiales como vermiculita, perlita o arena para mejorar la aireación y retención de agua en suelos compactos.
- Añadir materia orgánica para suelos pobres en nutrientes.

d. Protección Contra Factores Externos

- Uso de barreras físicas para evitar daños por animales.
- Instalación de mallas o cubiertas para proteger contra viento fuerte o granizo.

---

4. Errores Comunes y Cómo Evitarlos

- **Podas excesivas o mal ejecutadas**:
    - Causa estrés en la planta y reduce su capacidad de recuperación.
    - Solución: Realizar cortes limpios y en el lugar adecuado (justo por encima de un nudo o brote).
- **Fertilización excesiva**:
    - Puede quemar las raíces y causar acumulación de sales.
    - Solución: Aplicar fertilizantes en dosis adecuadas y seguir las recomendaciones del fabricante.
- **Riego inadecuado después de la fertilización**:
    - Falta de riego puede reducir la absorción de nutrientes.
    - Solución: Siempre regar tras aplicar fertilizantes al suelo.

5. Ejemplo de Manejo Integral

Planta endémica: Encino Quercus rugosa

- **Poda**: Realizar poda de formación durante los dos primeros años para lograr una estructura robusta.
- **Fertilización**: Aplicar compost cada 6 meses y un fertilizante inorgánico balanceado (10-10-10) cada tres meses en los primeros dos años.
- **Cuidados**:
    - Monitoreo semanal de plagas.
    - Riego moderado con acolchado orgánico alrededor de la base para conservar la humedad.

Con la aplicación adecuada de poda, fertilización y prácticas de mantenimiento, se fomenta el desarrollo saludable de plantas endémicas, contribuyendo a la sostenibilidad del proyecto de reforestación.

1. Tipos de Poda Según el Propósito

a. Poda de Formación

- **Propósito**: Crear una estructura robusta y equilibrada desde las primeras etapas de crecimiento.
- **Técnica**:
    - Realiza cortes precisos para establecer un tronco central fuerte y eliminar ramas que compitan por la luz.
    - Mantén un diseño que permita una buena circulación de aire y penetración de luz.
- **Época ideal**: Durante el primer o segundo año de vida de la planta.

b. Poda de Mantenimiento

- **Propósito**: Mantener la salud de la planta eliminando partes dañadas, muertas o enfermas.
- **Técnica**:
    - Corta ramas secas o rotas justo por encima de un nudo o brote saludable.
    - Retira las ramas que se crucen o se rocen entre sí.
- **Época ideal**: Anualmente, preferentemente en la temporada de reposo vegetativo.

c. Poda de Producción

- **Propósito**: Maximizar la productividad en plantas que dan frutos o flores.
- **Técnica**:

- Reduce el número de ramas productivas para concentrar los recursos en los frutos más vigorosos.
- Retira brotes que crezcan cerca de la base o en ángulos inadecuados.
- **Época ideal**: Antes de la temporada de floración.

d. Poda de Renovación

- **Propósito**: Rejuvenecer plantas maduras o que muestran signos de decaimiento.
- **Técnica**:
    - Elimina ramas viejas o poco productivas para estimular la aparición de brotes nuevos.
    - Realiza cortes drásticos en ramas principales si la planta está debilitada.
- **Época ideal**: Final del invierno o inicio de la temporada de lluvias.

2. Técnicas Básicas de Corte

a. Corte Inclinado

- Realiza cortes en ángulo de 45° para evitar acumulación de agua en la superficie cortada.
- Ubica el corte justo por encima de un brote o nudo orientado hacia el exterior.

b. Corte Raso

- Para eliminar ramas completas, haz el corte lo más cerca posible del tronco principal o de la base de la rama madre.
- Evita dejar "tocones", ya que favorecen la entrada de plagas y enfermedades.

c. Corte Escalonado

- Útil en ramas gruesas o de gran tamaño.
    1. Realiza un primer corte en la parte inferior de la rama, a unos 20 cm del tronco.
    2. Haz un segundo corte en la parte superior, a 5 cm más lejos del primero, para retirar la rama sin desgarrar el tejido.
    3. Finaliza con un corte limpio cerca del tronco.

3. Herramientas para la Poda

- **Tijeras de podar**: Ideales para ramas pequeñas y verdes.
- **Serruchos de poda**: Para ramas medianas y gruesas.
- **Cortarramas de mango largo**: Para alcanzar ramas altas sin necesidad de escalera.

- **Motosierras**: Útiles en ramas grandes o árboles adultos.
- **Cuchillas de injerto**: Para cortes de alta precisión en brotes pequeños.

4. Consideraciones Sanitarias

- Desinfecta las herramientas antes y después de cada uso con alcohol isopropílico o una solución de cloro al 10%.
- Cubre los cortes grandes con una pasta cicatrizante para evitar infecciones por hongos o bacterias.

5. Poda Según el Tipo de Planta y su Entorno

- **Plantas con crecimiento compacto**:
    - Poda ligera para evitar exceso de densidad en el centro.
- **Plantas con crecimiento vertical**:
    - Poda apical para promover ramificaciones laterales.
- **Plantas expuestas a vientos fuertes**:
    - Reducción de altura para evitar el quiebre de ramas.

6. Beneficios de la Poda Adecuada

- Favorece el equilibrio estructural de la planta.
- Reduce el riesgo de plagas y enfermedades al eliminar tejido dañado.
- Mejora la estética y funcionalidad del paisaje reforestado.
- Incrementa la resistencia de las plantas ante condiciones adversas.

7. Ejemplo Práctico: Encino (Quercus rugosa)

1. **Primera poda**: Elimina ramas bajas durante el primer año para concentrar energía en el crecimiento vertical.
2. **Poda de mantenimiento anual**: Retira ramas secas y ajusta la estructura para mantener un tronco fuerte.
3. **Revisión post-poda**: Aplica pasta cicatrizante en los cortes mayores a 2 cm de diámetro.

Tipos de Fertilización para Plantas Endémicas

1. **Fertilización Orgánica de Baja Intensidad**
   - **Descripción:** Uso de compost, humus de lombriz, o estiércol bien descompuesto en cantidades reducidas.
   - **Beneficios:** Proporciona nutrientes de liberación lenta sin alterar el equilibrio natural del suelo.
   - **Ideal Para:** Plantas endémicas de suelos pobres o arenosos.
2. **Fertilización Química de Liberación Controlada (Baja Concentración)**
   - **Descripción:** Aporta nutrientes esenciales de forma gradual, evitando excesos que podrían dañar plantas sensibles.
   - **Beneficios:** Previene deficiencias específicas sin saturar el suelo.
   - **Ideal Para:** Plantas que requieren un impulso en fases críticas como floración.
3. **Fertilizantes Microbiológicos**
   - **Descripción:** Contienen bacterias y hongos benéficos que mejoran la disponibilidad de nutrientes, como micorrizas.
   - **Beneficios:** Favorece la simbiosis natural y la absorción eficiente de nutrientes.
   - **Ideal Para:** Plantas endémicas adaptadas a suelos con baja fertilidad.
4. **Fertilizantes Foliares Naturales**
   - **Descripción:** Soluciones de algas o extractos vegetales aplicados sobre las hojas.
   - **Beneficios:** Rápida absorción sin alterar el suelo.
   - **Ideal Para:** Etapas de estrés ambiental o deficiencias puntuales.

Momentos Ideales de Fertilización

1. **Inicio de la Temporada de Crecimiento**
   - **Objetivo:** Promover un crecimiento saludable desde el inicio del ciclo vegetativo.
   - **Fertilizantes Recomendados:** Orgánicos o microbiológicos para estimular el suelo.
2. **Antes de la Floración**
   - **Objetivo:** Apoyar la formación de brotes y flores sin sobrecargar de nutrientes.
   - **Fertilizantes Recomendados:** Bajas dosis de fósforo (P) y potasio (K), preferiblemente de liberación lenta.
3. **Durante la Fructificación (si aplica)**
   - **Objetivo:** Mejorar la calidad de los frutos o semillas.
   - **Fertilizantes Recomendados:** Suplemento ligero de potasio (K).
4. **Post-Cosecha o Fin de Temporada**
   - **Objetivo:** Recuperar el suelo y preparar la planta para el siguiente ciclo.

- **Fertilizantes Recomendados:** Materia orgánica para mejorar la estructura y fertilidad del suelo.
5. **Periodos de Estrés Ambiental**
    - **Ejemplos:** Sequía, temperaturas extremas.
    - **Fertilizantes Recomendados:** Foliares naturales con micronutrientes para rápida absorción.

Consideraciones Clave

- **Evitar Fertilización Excesiva:** Las plantas endémicas están adaptadas a suelos de baja fertilidad; un exceso puede perjudicar su desarrollo.
- **Análisis de Suelo:** Antes de aplicar fertilizantes, es crucial entender las condiciones del suelo para ajustar el manejo de nutrientes.
- **Compatibilidad Ecológica:** Usar fertilizantes que no alteren la microbiota del suelo ni dañen ecosistemas circundantes.

Recomendación Final: Priorizar prácticas que respeten el entorno natural de las plantas endémicas, manteniendo el equilibrio ecológico.

Monitoreo del Crecimiento y Solución de Problemas en Plantas Endémicas

El monitoreo constante es esencial para garantizar la salud y desarrollo de las plantas endémicas. Este proceso implica observar su crecimiento, identificar problemas a tiempo, y aplicar soluciones que respeten su entorno natural.

Monitoreo del Crecimiento

1. **Observación Visual Regular**
   - **Frecuencia:** Semanal o quincenal, dependiendo de la especie y la etapa de crecimiento.
   - **Aspectos a Evaluar:**
     - Estado de las hojas: Color, tamaño, presencia de manchas.
     - Tallo: Firmeza, color, posibles deformaciones.
     - Crecimiento radicular: Revisar la salud de las raíces si se presentan signos de estrés.
2. **Medición de Parámetros de Crecimiento**
   - **Altura y Diámetro del Tallo:** Indican el vigor de la planta.
   - **Número de Hojas y Flores:** Muestra el desarrollo vegetativo y reproductivo.
   - **Cobertura Vegetal:** Útil en plantas que forman colonias o tapices.
3. **Condiciones Ambientales**
   - **Temperatura y Humedad:** Algunas plantas endémicas tienen tolerancias específicas.
   - **Luz Solar:** Verificar que reciban la cantidad adecuada de luz.
   - **Estado del Suelo:** Humedad, textura y presencia de materia orgánica.
4. **Fotografía y Registro**
   - Mantener un registro fotográfico y anotaciones sobre el estado de la planta en diferentes etapas.

Solución de Problemas Comunes

1. **Hojas Amarillas o Secas**
   - **Causas:**
     - Exceso o falta de agua.
     - Deficiencias de nutrientes como nitrógeno.
     - Estrés por cambio de temperatura o luz.
   - **Solución:**
     - Ajustar el riego según las necesidades específicas de la planta.
     - Aplicar un fertilizante suave, preferentemente orgánico.
2. **Crecimiento Lento o Detenido**
   - **Causas:**

- Suelo pobre en nutrientes.
- Compactación del suelo, limitando el desarrollo radicular.
- Condiciones climáticas adversas.
  - **Solución:**
    - Incorporar materia orgánica o fertilizantes microbiológicos.
    - Airear el suelo manualmente sin dañar las raíces.
3. **Presencia de Plagas o Enfermedades**
    - **Causas:**
        - Ataques de insectos (pulgones, cochinillas).
        - Infecciones fúngicas o bacterianas.
    - **Solución:**
        - Introducir controles biológicos, como insectos benéficos.
        - Aplicar fungicidas o pesticidas naturales, como aceite de neem o extractos de ajo.
4. **Marchitamiento**
    - **Causas:**
        - Falta de agua o daño radicular.
        - Enfermedades vasculares (hongos).
    - **Solución:**
        - Aumentar la frecuencia de riego si el suelo está seco.
        - Retirar plantas afectadas si hay signos de enfermedades infecciosas.
5. **Floración Escasa o Nula**
    - **Causas:**
        - Deficiencia de fósforo o potasio.
        - Exceso de nitrógeno, que fomenta el crecimiento vegetativo a expensas de la floración.
    - **Solución:**
        - Usar fertilizantes balanceados en fósforo y potasio.
        - Ajustar el manejo de nutrientes para reducir el nitrógeno.

Herramientas para el Monitoreo

1. **Medidor de pH y Humedad del Suelo:** Verifica si las condiciones son óptimas para el crecimiento.
2. **Lupa o Microscopio Portátil:** Para identificar plagas pequeñas o signos iniciales de enfermedades.
3. **Termohigrómetro:** Mide temperatura y humedad ambiental.

Recomendaciones Finales

- **Adaptación al Entorno Local:** Las plantas endémicas prosperan cuando se respeta su hábitat natural. Minimizar alteraciones en el suelo y las condiciones ambientales.

- **Acciones Preventivas:** Aplicar medidas preventivas como la rotación de cultivos o la siembra asociada para evitar el agotamiento de nutrientes y plagas.
- **Consulta con Expertos Locales:** Los botánicos o agricultores locales pueden ofrecer valiosa información sobre el manejo de especies endémicas específicas.

El cuidado y monitoreo adecuados no solo benefician a las plantas endémicas, sino que también contribuyen a la conservación de la biodiversidad local.

Capítulo 9: Tiempo de Cosecha y Desarrollo Completo

Tiempo de Cosecha y Desarrollo Completo en Plantas Endémicas

El tiempo de cosecha y el ciclo de desarrollo completo de las plantas endémicas varían ampliamente según la especie, el tipo de planta (herbácea, arbustiva, arbórea) y las condiciones ambientales específicas de su hábitat. A continuación, se presentan consideraciones generales y específicas para determinar estos tiempos.

Fases de Desarrollo en Plantas Endémicas

1. **Germinación**
   - **Duración:** Días a semanas, dependiendo de la especie.
   - **Factores Clave:** Temperatura, humedad y tipo de suelo.
   - **Ejemplo:** Algunas especies endémicas requieren tratamientos previos como escarificación o estratificación para germinar.
2. **Crecimiento Vegetativo**
   - **Duración:** Semanas a meses.
   - **Características:** Desarrollo de hojas, tallos y raíces.
   - **Requerimientos:** Suficiente luz, agua, y nutrientes.
3. **Floración**
   - **Duración:** Puede durar desde unos pocos días hasta meses.
   - **Momento Ideal:** Generalmente sincronizado con condiciones óptimas de luz y temperatura para atraer polinizadores.
4. **Fructificación y Maduración de Semillas**
   - **Duración:** Semanas a varios meses.
   - **Objetivo:** Desarrollo completo de frutos o semillas para asegurar la dispersión y reproducción.
5. **Senescencia (Ciclo Completo)**
   - **En Plantas Anuales:** Completa el ciclo en una sola temporada.
   - **En Plantas Perennes:** Se prepara para una nueva temporada de crecimiento.

Tiempo de Cosecha en Especies Endémicas

El tiempo ideal para cosechar depende del objetivo: frutos, semillas, flores, o partes vegetativas (hojas, raíces).

1. **Cosecha de Frutos o Semillas**
   - **Momento Ideal:** Cuando están completamente maduros.
     - **Signos de Madurez:** Cambio de color, ablandamiento, fácil desprendimiento.

- **Importancia:** Garantizar que las semillas sean viables y los frutos tengan el máximo valor nutricional o medicinal.
2. **Cosecha de Flores**
    - **Momento Ideal:** Cuando están completamente abiertas pero antes de que comiencen a marchitarse.
    - **Uso Frecuente:** Ornamental, medicinal o para polinizadores.
3. **Cosecha de Hojas o Tallos**
    - **Momento Ideal:** Durante el pico de crecimiento vegetativo, cuando las hojas están en su tamaño y color óptimos.
    - **Uso Frecuente:** Alimentario o medicinal.
4. **Cosecha de Raíces**
    - **Momento Ideal:** Al final del ciclo vegetativo o durante la senescencia, cuando la planta ha almacenado nutrientes en sus raíces.
    - **Ejemplo:** Plantas como el *Agave* o el *Jatropha*.

Ejemplos de Ciclos de Desarrollo en Especies Endémicas

1. **Maguey (Agave spp.)**
    - **Ciclo Completo:** 8-25 años, dependiendo de la especie.
    - **Cosecha Ideal:** Al final del ciclo para la producción de mezcal o tequila.
    - **Observación:** Florece solo una vez en su vida (monocárpica).
2. **Cactus (Cactaceae spp.)**
    - **Ciclo Completo:** Varía de 3 a 10 años para frutos comestibles como el nopal o el pitayo.
    - **Cosecha Ideal:** Frutos cosechados en plena madurez.
3. **Quintral (Tristerix corymbosus)**
    - **Ciclo Completo:** 1-3 años.
    - **Cosecha Ideal:** Flores y frutos maduros usados en medicina tradicional.

Factores que Afectan el Tiempo de Cosecha y Desarrollo

1. **Condiciones Climáticas**
    - Variaciones de temperatura, humedad y luz pueden acelerar o retrasar el ciclo.
2. **Tipo de Suelo**
    - La fertilidad y textura del suelo influencian la velocidad de crecimiento.
3. **Disponibilidad de Agua**
    - Regiones con estacionalidad marcada requieren estrategias como riego suplementario o cosecha después de la temporada de lluvias.
4. **Interacciones Ecológicas**
    - La presencia de polinizadores o dispersores de semillas puede impactar directamente en la reproducción y desarrollo.

Recomendaciones Finales

- **Monitoreo Regular:** Controlar el desarrollo en cada etapa es clave para determinar el momento óptimo de cosecha.
- **Especies Específicas:** Consultar con expertos locales o comunidades indígenas que conocen el ciclo natural de las plantas endémicas.
- **Conservación:** Evitar la sobreexplotación de especies endémicas, cosechando de manera sostenible para asegurar su supervivencia a largo plazo.

Indicadores de Madurez y Aprovechamiento Sostenible de Plantas Endémicas

El aprovechamiento de las plantas endémicas debe basarse en indicadores claros de madurez para maximizar su valor y minimizar el impacto ambiental. A continuación, se detallan los indicadores clave de madurez y las prácticas de manejo sostenible.

Indicadores de Madurez en Diferentes Órganos

1. **Frutos**
   - **Indicadores de Madurez:**
     - Cambio de color (de verde a tonalidades características de la especie, como rojo, amarillo o negro).
     - Consistencia: Los frutos suelen ablandarse ligeramente al alcanzar la madurez.
     - Facilidad de desprendimiento: Los frutos maduros se separan fácilmente de la planta.
     - Sabor y aroma: Incremento de dulzura o aroma característico.
   - **Ejemplo:** Frutos del *capulín* (Prunus salicifolia) deben cosecharse cuando están oscuros y blandos.
2. **Semillas**
   - **Indicadores de Madurez:**
     - Coloración uniforme (oscura o brillante, según la especie).
     - Endurecimiento de la cubierta de la semilla.
     - Secado natural del fruto que las contiene.
   - **Ejemplo:** Semillas de *árboles endémicos*, como el ceibo (Ceiba spp.), deben cosecharse cuando los frutos estén completamente secos.
3. **Hojas**
   - **Indicadores de Madurez:**
     - Color verde intenso.
     - Tamaño máximo característico de la especie.
     - Ausencia de plagas o enfermedades visibles.

- **Ejemplo:** Hojas de *árnica* se cosechan en su fase de pleno crecimiento vegetativo para maximizar su concentración de principios activos.

4. **Flores**
   - **Indicadores de Madurez:**
     - Floración completa con pétalos totalmente abiertos.
     - Ausencia de marchitamiento o daño por insectos.
   - **Ejemplo:** Flores de *cempasúchil* (Tagetes erecta) se recolectan cuando están totalmente abiertas para un mejor aprovechamiento ornamental y medicinal.
5. **Raíces y Tubérculos**
   - **Indicadores de Madurez:**
     - Incremento en el tamaño y peso de las raíces.
     - Coloración uniforme sin partes podridas.
     - Desarrollo completo antes de la senescencia de la parte aérea.
   - **Ejemplo:** Raíces de *maca andina* deben cosecharse al final de la temporada de crecimiento para maximizar su contenido nutritivo.

Prácticas de Aprovechamiento Sostenible

1. **Cosecha Selectiva**
   - Evitar la recolección masiva o indiscriminada. Cosechar solo un porcentaje limitado de la población (por ejemplo, el 30-50%) para permitir la regeneración natural.
   - **Beneficio:** Garantiza la reproducción y estabilidad de las poblaciones.
2. **Rotación de Zonas de Cosecha**
   - Alternar áreas de recolección para permitir que las plantas se recuperen.
   - **Beneficio:** Previene el agotamiento local de la especie.
3. **Dejar Semillas y Plantas Madre**
   - En el caso de frutos y semillas, siempre dejar un porcentaje en el ecosistema para asegurar la dispersión natural.
   - **Ejemplo:** En árboles endémicos como *peumo* (Cryptocarya alba), dejar semillas para germinación in situ.
4. **Uso de Métodos Tradicionales**
   - Incorporar prácticas de manejo ancestral de comunidades indígenas, que suelen ser más respetuosas con el medio ambiente.
   - **Ejemplo:** Técnicas de poda selectiva para hojas o flores que permiten una regeneración rápida.
5. **Fomento de la Regeneración Natural y Asistida**
   - Plantar semillas recolectadas o propagar esquejes para mantener la población de especies endémicas.
   - **Beneficio:** Asegura la continuidad de las especies y contribuye a la reforestación.
6. **Monitorización y Evaluación Periódica**
   - Llevar registros de las áreas y volúmenes cosechados, y evaluar periódicamente la salud de las poblaciones.

- **Herramientas:** Uso de GPS para mapear áreas de recolección y analizar su recuperación.

Beneficios del Aprovechamiento Sostenible

- **Conservación de la Biodiversidad:** Las plantas endémicas suelen tener roles ecológicos esenciales, como servir de alimento para polinizadores específicos.
- **Ecosistemas Saludables:** La extracción moderada permite que el ecosistema continúe funcionando sin interrupciones.
- **Sostenibilidad Económica y Cultural:** Las prácticas sostenibles aseguran que las comunidades locales puedan seguir beneficiándose de estos recursos a largo plazo.

Ejemplos Exitosos de Manejo Sostenible

1. **Recolección de Piñones (Araucaria araucana)**
   - Se cosechan piñones de manera rotativa y se dejan suficientes para asegurar la regeneración natural y alimentar a la fauna.
2. **Uso de la Palma Chilena (Jubaea chilensis)**
   - La savia se extrae sin dañar las palmas adultas, y se establecen áreas de conservación para proteger los ejemplares jóvenes.

Conclusión:

El aprovechamiento sostenible de plantas endémicas es esencial para mantener su población, preservar la biodiversidad y beneficiar tanto a los ecosistemas como a las comunidades humanas. Utilizar indicadores de madurez específicos y aplicar prácticas responsables asegura su conservación a largo plazo.

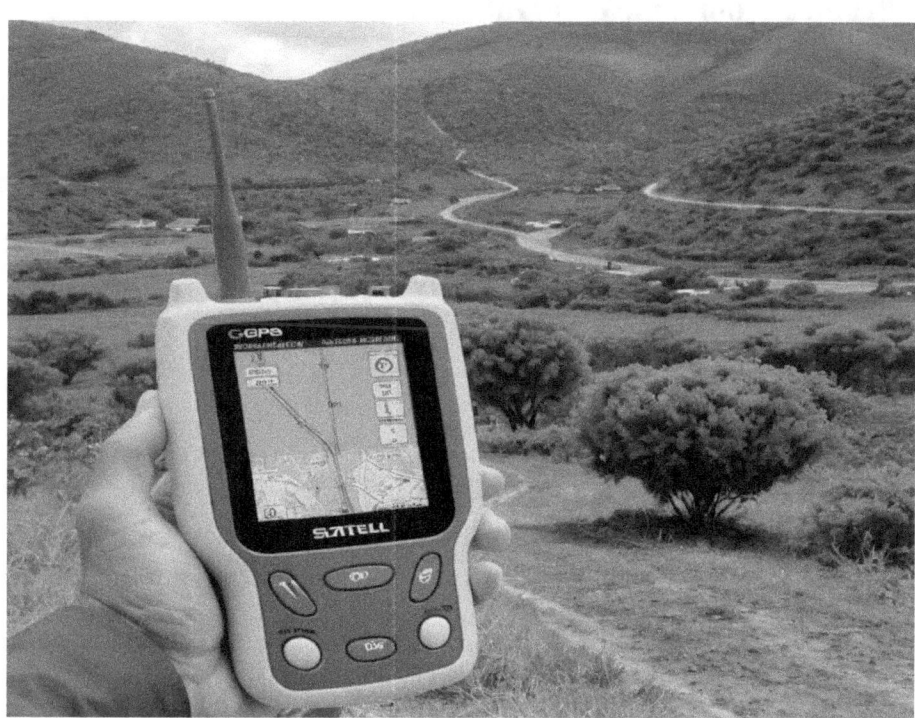

Tiempo Estimado de Germinación a Cosecha en Plantas Endémicas

El tiempo que transcurre desde la germinación hasta la cosecha en plantas endémicas varía según la especie, el tipo de planta (herbácea, arbustiva o arbórea) y las condiciones ambientales. A continuación, se describen los tiempos aproximados para diferentes tipos de plantas y factores que influyen en su ciclo.

Factores que Influyen en el Tiempo de Germinación a Cosecha

1. **Tipo de Planta**
   - **Herbáceas:** Ciclos más cortos, generalmente de semanas a meses.
   - **Arbustivas:** Ciclos intermedios, de meses a pocos años.
   - **Arbóreas:** Ciclos largos, de varios años a décadas.
2. **Condiciones Ambientales**
   - **Clima:** Temperatura y humedad afectan la velocidad del ciclo.
   - **Suelo:** Fertilidad y estructura del suelo influyen en el desarrollo.
   - **Luz Solar:** Las plantas endémicas suelen tener requerimientos específicos de luz.
3. **Especie Específica**
   - Algunas especies germinan rápidamente, mientras que otras requieren tratamientos previos como la estratificación o la escarificación.

Tiempos Promedio por Tipo de Planta

1. Plantas Herbáceas Endémicas

- **Ciclo Completo:** 3 a 6 meses.
- **Ejemplo:**
  - *Tagetes lucida* (pericón): Germina en 7-14 días, cosecha de hojas y flores en 4-5 meses.
  - *Salvia hispanica* (chía): Germina en 1-2 semanas, cosecha de semillas en 3-4 meses.

2. Plantas Arbustivas Endémicas

- **Ciclo Completo:** 6 meses a 3 años.
- **Ejemplo:**
  - *Cestrum nocturnum* (galán de noche): Germinación en 2-4 semanas, floración y cosecha de semillas en 1 año.
  - *Artemisia ludoviciana* (ajenjo mexicano): Germinación en 2 semanas, cosecha de hojas en 6-8 meses.

3. Árboles y Arbustos Leñosos Endémicos

- **Ciclo Completo:** 3 a 10 años o más.
- **Ejemplo:**
    - *Prosopis spp.* (mezquite): Germina en 10-20 días, cosecha de vainas a partir del tercer año.
    - *Ceiba pentandra* (ceiba): Germina en 2-4 semanas, producción de frutos a partir de los 5-7 años.

4. Cactus y Suculentas

- **Ciclo Completo:** 3 a 8 años.
- **Ejemplo:**
    - *Opuntia spp.* (nopal): Germinación en 2-3 semanas, cosecha de cladodios y frutos a partir del primer año.
    - *Carnegiea gigantea* (saguaro): Germinación en 2-3 semanas, producción de frutos después de 8-10 años.

Ejemplos de Ciclos de Especies Clave

1. *Agave tequilana*
    - **Germinación:** 2-4 semanas.
    - **Tiempo a Cosecha:** 6-10 años.
    - **Producto Principal:** Piña para producción de tequila.
2. *Capsicum annuum* **(chile chilhuacle)**
    - **Germinación:** 7-14 días.
    - **Tiempo a Cosecha:** 4-5 meses.
    - **Producto Principal:** Frutos secos usados en la gastronomía.
3. *Myrciaria dubia* **(camu camu)**
    - **Germinación:** 20-30 días.
    - **Tiempo a Cosecha:** 3-5 años para la primera producción de frutos.
    - **Producto Principal:** Frutos ricos en vitamina C.

Prácticas para Optimizar el Ciclo

1. **Tratamiento de Semillas**
    - Usar métodos de estratificación o escarificación para acelerar la germinación en especies con dormancia.
2. **Monitoreo de Condiciones Ambientales**
    - Mantener niveles óptimos de humedad, luz y temperatura para cada fase del desarrollo.
3. **Fertilización Adecuada**

- Aplicar nutrientes clave en etapas específicas (nitrógeno en crecimiento vegetativo, fósforo y potasio en floración y fructificación).
4. **Riego Controlado**
    - Proveer agua de acuerdo a las necesidades específicas para evitar estrés hídrico.

Conclusión

El tiempo de germinación a cosecha en plantas endémicas varía ampliamente, desde unos pocos meses en especies herbáceas hasta varios años en especies arbustivas y arbóreas. La observación cuidadosa y la aplicación de prácticas sostenibles garantizan un ciclo productivo eficiente, contribuyendo al equilibrio ecológico y a la conservación de la biodiversidad.

Prácticas para regenerar el ecosistema

1. Identificación y Evaluación del Ecosistema

- **Mapeo de especies endémicas**: Realiza un inventario de las plantas nativas en el área. Identifica las especies amenazadas o extintas localmente.
- **Evaluación de amenazas**: Detecta los factores que afectan a las plantas, como la deforestación, especies invasoras, cambio climático, y contaminación.
- **Estudio del suelo**: Analiza las características del suelo para determinar su fertilidad, pH y capacidad de sostener la regeneración.

2. Control y Erradicación de Especies Invasoras

- **Identificación de invasoras**: Localiza las especies no nativas que compiten con las endémicas.
- **Métodos sostenibles**: Aplica técnicas manuales, mecánicas o biológicas para eliminarlas sin dañar el entorno natural.
- **Seguimiento continuo**: Asegúrate de que no regresen mediante monitoreo frecuente.

3. Propagación de Especies Endémicas

- **Recolección de semillas**: Recoge semillas de plantas nativas en áreas saludables para evitar la sobreexplotación.
- **Viveros locales**: Establece viveros para germinar y criar plantas endémicas antes de reintroducirlas al ecosistema.
- **Micropropagación**: Utiliza técnicas de laboratorio para clonar plantas si la población natural es extremadamente baja.

4. Restauración del Hábitat

- **Plantación dirigida**: Reintroduce especies endémicas en áreas estratégicas donde puedan prosperar.
- **Control de erosión**: Implementa barreras naturales como terrazas, barreras vegetales o hidrosembrado para estabilizar el suelo.
- **Corredores ecológicos**: Conecta fragmentos aislados del ecosistema para permitir la dispersión de semillas y polinizadores.

5. Manejo Sostenible del Ecosistema

- **Involucrar a la comunidad**: Educa y capacita a los residentes locales para proteger las plantas endémicas.
- **Prácticas agrícolas regenerativas**: Promueve el uso de técnicas que mejoren el suelo y la biodiversidad, como la agroforestería.
- **Protección contra incendios**: Implementa cortafuegos naturales y prácticas preventivas.

6. Monitoreo y Seguimiento

- **Indicadores de éxito**: Establece métricas para evaluar la recuperación, como el número de especies reintroducidas o la mejora en la cobertura vegetal.
- **Tecnología en conservación**: Usa drones, imágenes satelitales o sensores remotos para evaluar la restauración.
- **Adaptación constante**: Ajusta estrategias basándote en los datos obtenidos del monitoreo.

7. Educación y Sensibilización

- **Campañas locales**: Organiza actividades como reforestaciones comunitarias, talleres y charlas.
- **Involucrar a escuelas**: Incorpora programas educativos que promuevan la conservación de la flora nativa.
- **Divulgación científica**: Comparte los resultados del proyecto para fomentar la réplica en otras regiones.

Capítulo 10: Errores Comunes y Cómo Evitarlos

Errores Comunes en la Regeneración de Ecosistemas de Plantas Endémicas y Cómo Evitarlos

La restauración de plantas endémicas es un proceso complejo, y ciertos errores pueden comprometer los resultados. Aquí están algunos errores comunes y las formas de evitarlos:

1. Falta de Información Científica Adecuada

- **Error**: No realizar estudios detallados sobre el ecosistema y las especies endémicas. Esto puede llevar a intervenciones mal diseñadas.
- **Solución**:
    - Realiza investigaciones previas como inventarios de flora, análisis del suelo y estudios climáticos.
    - Consulta expertos en botánica y ecología para comprender las necesidades específicas de las plantas endémicas.

---

2. Introducción de Especies No Nativas

- **Error**: Utilizar plantas exóticas o no endémicas para la restauración, lo que puede causar competencia o invasión.
- **Solución**:
    - Usa exclusivamente semillas y plantas nativas, asegurándote de que su origen sea de la misma región ecológica.
    - Evita especies híbridas que puedan alterar el balance genético de las poblaciones locales.

---

3. Falta de Control de Especies Invasoras

- **Error**: No abordar previamente la presencia de plantas invasoras, que compiten con las endémicas por recursos.
- **Solución**:
    - Implementa un plan de manejo y eliminación de especies invasoras antes de la reforestación.
    - Realiza un monitoreo continuo para prevenir la reaparición.

---

4. Uso de Técnicas Inadecuadas de Plantación

- **Error**: Plantar sin considerar las necesidades ecológicas de cada especie (densidad, ubicación, época del año).
- **Solución**:
    - Planta durante las temporadas óptimas, generalmente antes de la temporada de lluvias.
    - Respeta las asociaciones naturales entre especies y las condiciones de microhábitat.

5. Falta de Monitoreo a Largo Plazo

- **Error**: Abandonar el proyecto después de la reforestación inicial, lo que puede resultar en el fracaso de las especies reintroducidas.
- **Solución**:
    o Diseña un plan de seguimiento que evalúe el crecimiento, la salud de las plantas y el impacto en el ecosistema.
    o Involucra a comunidades locales para mantener el monitoreo y cuidado.

6. Ignorar el Rol de la Fauna

- **Error**: No considerar a los polinizadores, dispersores de semillas y otras especies animales que interactúan con las plantas.
- **Solución**:
    o Reintroduce especies faunísticas clave si es necesario.
    o Crea corredores ecológicos que conecten las áreas restauradas con hábitats existentes.

7. No Involucrar a las Comunidades Locales

- **Error**: Excluir a las comunidades, lo que puede llevar a la falta de apoyo y al uso insostenible del área.
- **Solución**:
    o Involucra a las comunidades desde la planificación hasta la ejecución del proyecto.
    o Capacítalas en el manejo sostenible y beneficios de la conservación.

8. Ignorar Cambios Climáticos

- **Error**: No considerar los efectos del cambio climático en las condiciones del suelo, disponibilidad de agua y temperaturas.
- **Solución**:
    o Selecciona especies endémicas resilientes al clima actual y futuro.
    o Implementa estrategias de riego o sombreado si las condiciones son extremas.

9. Subestimar los Costos y Recursos Necesarios

- **Error**: Planificar proyectos sin considerar los recursos financieros, humanos y temporales necesarios.
- **Solución**:
    o Realiza una evaluación realista de los costos y busca financiamiento sostenible.
    o Colabora con ONGs, gobiernos y universidades para obtener apoyo técnico y financiero.

---

10. Olvidar la Educación y Sensibilización

- **Error**: No educar a las personas cercanas sobre la importancia de las plantas endémicas y su cuidado.
- **Solución**:
    o Organiza campañas de sensibilización, talleres y actividades comunitarias.
    o Incluye a escuelas y organizaciones locales para asegurar la continuidad del esfuerzo.

Factores que Entorpecen el Desarrollo de Ecosistemas de Plantas Endémicas

El desarrollo de plantas endémicas enfrenta múltiples obstáculos que pueden frenar los esfuerzos de regeneración y conservación. Aquí se presentan los factores más comunes y sus impactos:

1. Degradación del Hábitat

- **Causa**: Actividades humanas como la deforestación, urbanización, minería, y agricultura intensiva.
- **Impacto**: Reducción de las áreas disponibles para el crecimiento de las plantas nativas y pérdida de biodiversidad asociada.

2. Cambio Climático

- **Causa**: Incremento de temperaturas, cambios en los patrones de lluvia, y fenómenos extremos como sequías o inundaciones.
- **Impacto**: Alteración de las condiciones ambientales necesarias para la germinación y desarrollo de especies endémicas.

3. Presión de Especies Invasoras

- **Causa**: Introducción de plantas y animales no nativos que compiten por recursos o alteran el equilibrio ecológico.
- **Impacto**: Desplazamiento de especies endémicas, disminución de su diversidad y cambio en las dinámicas del ecosistema.

4. Contaminación Ambiental

- **Causa**: Presencia de contaminantes como pesticidas, fertilizantes, plásticos y productos químicos en el suelo, agua y aire.
- **Impacto**: Deterioro de la calidad del suelo, afectando la germinación y el crecimiento; acumulación de toxinas en las plantas.

5. Fragmentación del Hábitat

- **Causa**: Desarrollo urbano o agrícola que divide los ecosistemas en áreas pequeñas y aisladas.
- **Impacto**: Reducción de la conectividad ecológica, limitando la polinización, dispersión de semillas y el flujo genético.

6. Sobreexplotación de Recursos Naturales

- **Causa**: Recolección excesiva de plantas endémicas para fines comerciales, medicinales o decorativos.
- **Impacto**: Disminución de las poblaciones naturales, dejando a algunas especies al borde de la extinción.

7. Pérdida de Suelo Fértil

- **Causa**: Erosión, compactación, y degradación del suelo por prácticas agrícolas intensivas o manejo inadecuado.
- **Impacto**: Reducción de la capacidad del suelo para sustentar plantas endémicas.

8. Falta de Polinizadores y Dispersores de Semillas

- **Causa**: Pérdida de especies animales clave debido a la caza, contaminación o destrucción de hábitats.
- **Impacto**: Disminución de la reproducción de las plantas endémicas y de su capacidad para colonizar nuevas áreas.

9. Insuficiencia de Conocimiento y Recursos

- **Causa**: Falta de estudios científicos, financiamiento limitado y escaso acceso a tecnología adecuada.
- **Impacto**: Proyectos de restauración mal diseñados y menos efectivos.

10. Conflictos de Uso de la Tierra

- **Causa**: Competencia entre conservación y actividades humanas como agricultura, ganadería, o expansión urbana.

- **Impacto**: Prioridad para actividades económicas en detrimento de los esfuerzos de conservación.

11. Políticas y Regulaciones Insuficientes

- **Causa**: Débil implementación de leyes ambientales, falta de incentivos para la conservación y corrupción.
- **Impacto**: Explotación no regulada de ecosistemas y pérdida de áreas protegidas.

12. Falta de Sensibilización y Participación Comunitaria

- **Causa**: Escaso conocimiento de la población local sobre el valor ecológico y económico de las plantas endémicas.
- **Impacto**: Prácticas destructivas, como tala o uso intensivo del suelo, sin consideración por la conservación.

13. Alteraciones en el Ciclo Hidrológico

- **Causa**: Deforestación, construcción de represas y extracción excesiva de agua.
- **Impacto**: Disponibilidad insuficiente de agua para el crecimiento de plantas endémicas, especialmente en zonas áridas.

Cómo Mitigar Estos Factores

- **Degradación del hábitat**: Implementar programas de restauración y regulación del uso de la tierra.
- **Cambio climático**: Promover la reforestación con especies resilientes y reducir emisiones de carbono.
- **Especies invasoras**: Diseñar programas de control y erradicación.
- **Educación comunitaria**: Sensibilizar sobre la importancia de conservar plantas endémicas.
- **Políticas efectivas**: Fortalecer regulaciones ambientales y aumentar incentivos para la conservación.

Diagnóstico de Problemas Frecuentes en la Regeneración de Plantas Endémicas

El diagnóstico efectivo de problemas en proyectos de restauración ecológica es fundamental para identificar causas subyacentes y planificar soluciones adecuadas. A continuación, se describen los problemas más comunes, sus posibles causas y métodos de diagnóstico:

1. Baja Tasa de Germinación

- **Posibles causas**:
    - Semillas de baja calidad o poca viabilidad.
    - Falta de condiciones adecuadas de luz, agua o temperatura.
    - Ataques de plagas o enfermedades.
- **Métodos de diagnóstico**:
    - Realiza pruebas de viabilidad de semillas (pruebas de flotación o tetrazolio).
    - Analiza las condiciones del suelo y el clima en la zona de siembra.
    - Inspecciona las semillas y el área por signos de patógenos o infestaciones.

2. Crecimiento Lento de las Plantas

- **Posibles causas**:
    - Suelos pobres en nutrientes o compactados.
    - Estrés hídrico por sequías o drenaje inadecuado.
    - Competencia con especies invasoras.
- **Métodos de diagnóstico**:
    - Realiza análisis de suelo (contenido de nutrientes, pH, estructura).
    - Evalúa los patrones de riego o precipitación.
    - Inspecciona el área por presencia de especies invasoras.

3. Alta Mortalidad en las Plantas Jóvenes

- **Posibles causas**:
    - Estrés hídrico o temperaturas extremas.
    - Ataques de plagas, herbívoros o enfermedades.
    - Plantación en sitios inapropiados.
- **Métodos de diagnóstico**:
    - Monitorea las condiciones climáticas durante las primeras etapas de crecimiento.
    - Examina las plantas por daños visibles causados por plagas o herbívoros.

o Revisa si las especies están adaptadas a las condiciones específicas del sitio.

4. Reaparición de Especies Invasoras

- **Posibles causas**:
    o Eliminación incompleta de invasoras en etapas iniciales.
    o Falta de monitoreo continuo.
    o Alteración de las condiciones del suelo que favorecen invasoras.
- **Métodos de diagnóstico**:
    o Inspecciona regularmente el área para identificar el regreso de invasoras.
    o Analiza las prácticas previas de manejo para detectar errores.
    o Estudia cómo las invasoras afectan la regeneración de las endémicas.

5. Falta de Polinización o Dispersión de Semillas

- **Posibles causas**:
    o Disminución o ausencia de polinizadores y dispersores clave.
    o Fragmentación del hábitat que limita el acceso de fauna.
    o Uso de pesticidas que afectan a los polinizadores.
- **Métodos de diagnóstico**:
    o Realiza censos de polinizadores y fauna dispersora en el área.
    o Evalúa la conectividad del ecosistema.
    o Analiza la aplicación de químicos en áreas cercanas.

6. Pérdida de Fertilidad del Suelo

- **Posibles causas**:
    o Erosión, compactación o prácticas agrícolas intensivas.
    o Uso excesivo de agroquímicos.
    o Deforestación previa o pérdida de cubierta vegetal.
- **Métodos de diagnóstico**:
    o Analiza muestras de suelo para medir su contenido de materia orgánica, nutrientes y estructura.
    o Evalúa el historial de uso del suelo en el área.
    o Observa signos de erosión, como pérdida de capa superficial o formación de cárcavas.

7. Problemas Sociales o de Gobernanza

- **Posibles causas**:
    - Conflictos por el uso del terreno entre comunidades.
    - Falta de participación comunitaria en los proyectos.
    - Débil implementación de regulaciones ambientales.
- **Métodos de diagnóstico**:
    - Realiza entrevistas o encuestas con actores locales para entender sus percepciones y necesidades.
    - Evalúa la existencia y cumplimiento de leyes relacionadas con la conservación.
    - Analiza si los proyectos incluyen estrategias de participación social.

8. Fragmentación del Hábitat

- **Posibles causas**:
    - Desarrollo urbano o agrícola que interrumpe los corredores ecológicos.
    - Tala o quema indiscriminada de áreas verdes.
- **Métodos de diagnóstico**:
    - Usa mapas satelitales y SIG (Sistemas de Información Geográfica) para evaluar la fragmentación.
    - Identifica las áreas clave que necesitan conexión para facilitar el movimiento de especies.

9. Falta de Financiamiento y Recursos Técnicos

- **Posibles causas**:
    - Planificación insuficiente o falta de prioridades claras.
    - Escasa colaboración entre organizaciones locales y gubernamentales.
- **Métodos de diagnóstico**:
    - Revisa los presupuestos y las fuentes de financiamiento disponibles.
    - Evalúa los recursos humanos y técnicos con los que cuenta el proyecto.

10. Poca Sensibilización Pública

- **Posibles causas**:
    - Falta de educación ambiental en la comunidad.
    - Percepción de que la conservación no tiene beneficios económicos o sociales inmediatos.
- **Métodos de diagnóstico**:
    - Realiza encuestas o talleres participativos para medir el nivel de conocimiento ambiental.
    - Observa las prácticas locales relacionadas con el uso de los recursos naturales.

Estrategias Correctivas para Problemas Frecuentes en la Regeneración de Plantas Endémicas

A continuación, se presentan estrategias prácticas y adaptables para abordar problemas específicos identificados en proyectos de regeneración de plantas endémicas.

1. Mejorar la Tasa de Germinación

- **Acciones correctivas**:
    - **Selección de semillas de calidad**: Recoge semillas maduras y verifica su viabilidad mediante pruebas de germinación antes de plantarlas.
    - **Tratamiento previo de semillas**: Aplica métodos como escarificación o estratificación para romper la dormancia natural.
    - **Mejora del entorno de germinación**: Asegúrate de que las condiciones de luz, humedad y temperatura sean óptimas en viveros o áreas de siembra.
    - **Control de plagas**: Protege las semillas con trampas naturales o bioinsecticidas para evitar ataques.

2. Estimular el Crecimiento de las Plantas

- **Acciones correctivas**:
    - **Enriquecimiento del suelo**: Agrega compost, humus o biofertilizantes para mejorar la disponibilidad de nutrientes.
    - **Riego adecuado**: Diseña sistemas de captación de agua de lluvia o aplica riego por goteo para asegurar hidratación constante.
    - **Control de especies invasoras**: Deshierba manualmente o utiliza métodos biológicos para evitar competencia por recursos.

3. Reducir la Mortalidad de Plantas Jóvenes

- **Acciones correctivas**:
    - **Protección contra condiciones extremas**: Utiliza coberturas naturales o mallas de sombra para proteger las plántulas del calor excesivo o heladas.
    - **Vigilancia y cuidado inicial**: Inspecciona regularmente para identificar y tratar enfermedades o estrés hídrico de manera temprana.
    - **Uso de especies asociadas**: Planta árboles u otras especies nativas que puedan actuar como sombra o protección natural.

4. Manejo de Especies Invasoras

- **Acciones correctivas**:
    - **Eliminación manual o mecánica**: Retira invasoras de forma regular y controla sus rebrotes.
    - **Revegetación rápida**: Planta endémicas que puedan competir eficazmente con las invasoras, ocupando el espacio disponible.
    - **Monitoreo continuo**: Implementa un sistema para detectar a tiempo la reaparición de especies invasoras.

5. Fortalecer la Polinización y Dispersión de Semillas

- **Acciones correctivas**:
    - **Creación de hábitats para polinizadores**: Instala refugios para abejas, aves y murciélagos en el área.
    - **Promoción de corredores ecológicos**: Conecta áreas restauradas para facilitar el movimiento de fauna.
    - **Restricción del uso de pesticidas**: Prohíbe o limita los químicos dañinos en áreas cercanas al proyecto.

6. Recuperar la Fertilidad del Suelo

- **Acciones correctivas**:
    - **Uso de cultivos de cobertura**: Siembra leguminosas u otras plantas que fijan nitrógeno y mejoran la calidad del suelo.
    - **Técnicas de conservación**: Aplica prácticas como terrazas, barreras vivas y siembra en contorno para evitar la erosión.
    - **Incorporación de materia orgánica**: Usa estiércol, restos de cosechas o biochar para mejorar la estructura y fertilidad del suelo.

7. Resolver Conflictos Sociales o de Gobernanza

- **Acciones correctivas**:
    - **Mediación comunitaria**: Organiza mesas de diálogo para resolver conflictos de uso del suelo.
    - **Participación inclusiva**: Involucra a las comunidades locales desde la planificación para garantizar que sus necesidades sean atendidas.

- o **Incentivos económicos**: Crea programas de pago por servicios ecosistémicos o empleos relacionados con la conservación.

8. Mitigar los Efectos de la Fragmentación del Hábitat

- **Acciones correctivas**:
  - o **Diseño de corredores ecológicos**: Planta árboles y arbustos nativos para conectar fragmentos aislados del ecosistema.
  - o **Reforestación estratégica**: Prioriza áreas clave para restaurar la conectividad del paisaje.
  - o **Planificación del uso del suelo**: Limita la expansión urbana y agrícola en áreas críticas para la conservación.

9. Aumentar los Recursos Disponibles

- **Acciones correctivas**:
  - o **Colaboración interinstitucional**: Busca alianzas con gobiernos, ONGs, universidades y empresas para financiar y apoyar el proyecto.
  - o **Capacitación técnica**: Forma al equipo en técnicas avanzadas de restauración y uso de herramientas tecnológicas.
  - o **Voluntariado y participación social**: Involucra a comunidades locales y voluntarios para reducir costos y aumentar la mano de obra.

10. Fomentar la Sensibilización Pública

- **Acciones correctivas**:
  - o **Campañas de educación ambiental**: Realiza talleres, charlas y actividades prácticas para enseñar la importancia de las plantas endémicas.
  - o **Proyectos escolares**: Crea viveros en escuelas para involucrar a los estudiantes en la regeneración.
  - o **Difusión en medios**: Usa redes sociales, medios locales y materiales impresos para promover el proyecto.

Capítulo 11: Innovaciones en Reforestación con Hidrogel y Nuevos Materiales

Innovaciones en Reforestación con Hidrogel y Nuevos Materiales

La reforestación ha incorporado avances tecnológicos como el uso de hidrogeles y materiales innovadores para enfrentar desafíos como la escasez de agua, suelos degradados y la eficiencia en la plantación. A continuación, se describen estas tecnologías y sus aplicaciones:

1. Hidrogeles para Retención de Agua

¿Qué son?
Los hidrogeles son polímeros superabsorbentes capaces de retener grandes cantidades de agua en forma de gel, liberándola gradualmente según las necesidades de la planta.

Beneficios en la reforestación:

- **Ahorro de agua**: Reduce la frecuencia de riego, especialmente en áreas áridas o semiáridas.
- **Mejora del establecimiento de plántulas**: Aumenta la supervivencia de las plantas jóvenes al asegurarles una fuente constante de humedad.
- **Facilidad de aplicación**: Puede mezclarse con el suelo o aplicarse directamente en las raíces durante la plantación.

Casos de éxito:

- Uso de hidrogeles en regiones desérticas ha permitido aumentar la tasa de supervivencia de árboles en más del 50%.
- En proyectos agrícolas, se ha demostrado una reducción del consumo de agua en hasta un 40%.

2. Cápsulas de Germinación

¿Qué son?
Son cápsulas biodegradables que contienen semillas, hidrogeles, nutrientes y microorganismos beneficiosos. Estas cápsulas optimizan el crecimiento inicial de las plantas.

Beneficios:

- **Protección de semillas**: Evita que sean dañadas por plagas o condiciones climáticas adversas.
- **Liberación controlada**: Los nutrientes y agua se liberan gradualmente, facilitando la germinación.
- **Facilidad de plantación**: Se pueden dispersar manualmente o mediante drones.

Aplicaciones:

- Restauración de bosques en áreas de difícil acceso mediante técnicas de dispersión aérea.
- Proyectos de revegetación rápida tras incendios forestales.

---

3. Biomateriales en Macetas Biodegradables

¿Qué son?
Macetas hechas de materiales biodegradables como fibra de coco, bagazo de caña o celulosa, diseñadas para ser plantadas directamente en el suelo junto con la planta.

Beneficios:

- **Eliminación de residuos**: Las macetas se descomponen naturalmente, enriqueciendo el suelo.
- **Reducción del estrés por trasplante**: Las raíces no se dañan, lo que mejora la tasa de supervivencia.
- **Sostenibilidad**: Fabricación a partir de residuos agrícolas, reduciendo el impacto ambiental.

Ejemplos de materiales:

- Fibras de coco y cáscaras de arroz para macetas.
- Polímeros a base de almidón o PLA (ácido poliláctico) para envolturas protectoras biodegradables.

---

4. Biochar (Carbón Vegetal)

¿Qué es?
Un material poroso obtenido mediante la pirólisis de biomasa. Actúa como un mejorador del suelo al retener agua y nutrientes.

Beneficios en la reforestación:

- **Mejora de suelos pobres**: Aumenta la capacidad de retención de agua y fertilidad.

- **Secuestro de carbono**: Almacena carbono durante décadas, mitigando el cambio climático.
- **Incremento de microorganismos beneficiosos**: Proporciona un hábitat para bacterias y hongos benéficos.

Aplicaciones:

- Usado en combinación con compost para regenerar suelos degradados.
- Incorporado en viveros para fortalecer plántulas antes de su trasplante.

---

5. Drones y Tecnología de Precisión

¿Qué son?
Equipos aéreos que dispersan semillas o plantones en grandes áreas, muchas veces integrando cápsulas de germinación o hidrogeles.

Beneficios:

- **Cobertura masiva**: Ideal para restaurar áreas extensas de difícil acceso.
- **Eficiencia**: Permite sembrar miles de semillas en poco tiempo.
- **Monitoreo remoto**: Los drones pueden equiparse con cámaras para evaluar el crecimiento de las plántulas.

Casos de uso:

- Proyectos de reforestación post-incendios.
- Restauración de ecosistemas en zonas de alta pendiente o inaccesibles.

---

6. Suelos Inteligentes con Materiales Nanoestructurados

¿Qué son?
Sustratos diseñados con nanomateriales que mejoran la absorción de agua, la disponibilidad de nutrientes y el intercambio gaseoso.

Beneficios:

- **Liberación controlada de nutrientes**: Reduce el uso de fertilizantes y mejora la salud del suelo.
- **Optimización del riego**: Mantiene la humedad más tiempo, incluso en climas extremos.
- **Sostenibilidad**: Los nanomateriales se fabrican con recursos renovables y son biodegradables.

7. GeoTextiles para Restauración del Suelo

¿Qué son?
Mallas o tejidos biodegradables que cubren el suelo para evitar la erosión, retener humedad y estabilizar terrenos antes de la plantación.

Beneficios:

- **Prevención de erosión**: Protege suelos desnudos de la pérdida por viento o lluvia.
- **Facilidad para sembrar**: Permiten plantar directamente a través del textil.
- **Degradación controlada**: Se descomponen lentamente, enriqueciendo el suelo con materia orgánica.

8. Fertilizantes Orgánicos con Microorganismos Beneficiosos

¿Qué son?
Biofertilizantes que incorporan bacterias y hongos beneficiosos (como micorrizas) que promueven el crecimiento de las raíces y mejoran la absorción de nutrientes.

Beneficios:

- **Fortalecimiento de plantas jóvenes**: Aumentan la resiliencia frente a condiciones adversas.
- **Regeneración del suelo**: Incrementan la actividad microbiana natural.
- **Reducción de agroquímicos**: Disminuyen la dependencia de fertilizantes sintéticos.

Perspectivas Futuras

La combinación de estas tecnologías con técnicas tradicionales permite una reforestación más eficiente, sostenible y adaptable a diversas condiciones climáticas y ecológicas. Estas innovaciones pueden transformar la manera en que restauramos los ecosistemas y ayudarnos a enfrentar desafíos globales como el cambio climático y la desertificación.

Tipos de Hidrogeles Disponibles y su Aplicación

Los hidrogeles son materiales superabsorbentes capaces de retener grandes cantidades de agua y liberarla gradualmente, lo que los hace ideales para aplicaciones agrícolas, de reforestación y paisajismo. A continuación, se describen los principales tipos de hidrogeles disponibles y cómo pueden aplicarse:

---

1. Según el Material Base

Hidrogeles Sintéticos

- **Descripción**:
  Fabricados a partir de polímeros sintéticos, como poliacrilamida (PAM) o poliacrilato de sodio.
- **Características**:
  - Alta capacidad de absorción de agua.
  - Liberación de agua prolongada.
  - Resistente a la degradación, con una vida útil en el suelo de 3 a 5 años.
- **Aplicaciones**:
  - **Reforestación**: En suelos áridos, mejora la tasa de supervivencia de las plántulas.
  - **Agricultura intensiva**: Reduce la necesidad de riego.
  - **Jardinería**: Para retención de agua en macetas y parterres.

Hidrogeles Naturales

- **Descripción**:
  Derivados de materiales biopoliméricos, como celulosa, quitosano, goma guar o almidones modificados.
- **Características**:
  - Biodegradables, sin impacto negativo en el suelo.
  - Absorben menos agua que los sintéticos, pero son más ecológicos.
- **Aplicaciones**:
  - **Proyectos ecológicos**: Restauración de ecosistemas sensibles.
  - **Sistemas de cultivo orgánico**: Agricultura sustentable con certificación.

Hidrogeles Híbridos

- **Descripción**:
  Combinan polímeros sintéticos y naturales para optimizar absorción y biodegradabilidad.
- **Características**:
  - Balance entre retención de agua y sostenibilidad.
- **Aplicaciones**:

- Áreas agrícolas que buscan eficiencia y menor impacto ambiental.

2. Según la Función de Retención de Agua

Hidrogeles de Alta Retención (Superabsorbentes)

- **Descripción**:
  Absorben de 300 a 500 veces su peso en agua.
- **Aplicaciones**:
  - **Áreas áridas y semiáridas**: Garantizan la humedad necesaria para plántulas.
  - **Restauración tras incendios**: Ayudan a germinar semillas en suelos deshidratados.

Hidrogeles de Liberación Rápida

- **Descripción**:
  Retienen menos agua pero la liberan rápidamente en suelos secos.
- **Aplicaciones**:
  - **Siembras iniciales**: Aseguran el suministro inmediato de agua.
  - **Cultivos de ciclo corto**: Enfocados en plantas con necesidades hídricas rápidas.

Hidrogeles de Liberación Controlada

- **Descripción**:
  Diseñados para liberar agua en periodos prolongados.
- **Aplicaciones**:
  - **Reforestación**: Aumenta la supervivencia de árboles jóvenes en zonas sin riego frecuente.
  - **Paisajismo**: Mantiene el césped o jardines sin riego constante.

3. Según la Forma Física

En Polvo

- **Descripción**:
  Granulado fino que se mezcla con el suelo o sustrato.
- **Aplicaciones**:
  - **Viveros y plantaciones**: Facilita la integración homogénea con el suelo.
  - **Proyectos pequeños**: Como jardinería urbana.

En Gránulos

- **Descripción**:
  Partículas más grandes, fáciles de manipular.
- **Aplicaciones**:
  - **Semilleros y macetas**: Distribución localizada en raíces.
  - **Áreas extensivas**: Mejora el suelo con estructura más porosa.

En Láminas o Espumas

- **Descripción**:
  Hidrogeles en forma compacta, que actúan como reservorios.
- **Aplicaciones**:
  - **Cubiertas de suelo**: Evitan la evaporación directa del agua.
  - **Terrarios y jardinería ornamental**: Retención visualmente atractiva.

---

4. Según la Adición de Otros Componentes

Hidrogeles con Fertilizantes

- **Descripción**:
  Incluyen nutrientes de liberación lenta para complementar el crecimiento de las plantas.
- **Aplicaciones**:
  - **Reforestación**: En suelos pobres, proveen tanto agua como nutrientes esenciales.
  - **Agricultura**: Mejora el desarrollo inicial de cultivos.

Hidrogeles con Microorganismos

- **Descripción**:
  Enriquecidos con hongos micorrícicos o bacterias fijadoras de nitrógeno.
- **Aplicaciones**:
  - **Regeneración de ecosistemas**: Promueven un suelo más saludable.
  - **Siembras orgánicas**: Mejoran el microbioma del suelo.

Hidrogeles Colorados (Pigmentados)

- **Descripción**:
  Incorporan colores para rastreo visual o diferenciación por tipo de uso.
- **Aplicaciones**:
  - **Investigación y monitoreo**: Ideal para evaluar distribución y efectividad en proyectos piloto.

5. Consideraciones de Aplicación

1. Dosificación

- La cantidad de hidrogel varía según el tipo de suelo, cultivo y clima. Por ejemplo:
    - Suelos arenosos: Requieren mayor cantidad debido a su baja retención natural.
    - Climas secos: Se usan hidrogeles de alta retención.

2. Método de Incorporación

- **Premezclado en el sustrato**: Ideal para viveros o plantaciones en macetas.
- **Directamente en el hoyo de plantación**: Colocado alrededor de las raíces para árboles y plántulas.
- **Superficialmente**: En forma de gránulos o polvo en cultivos extensivos.

3. Compatibilidad con Especies y Suelos

- Algunos hidrogeles pueden no ser adecuados para plantas sensibles a la salinidad si contienen residuos de sodio. En estos casos, se prefieren opciones biodegradables o hidrogeles tratados.

Mejora de Drenaje y Retención de Agua en el Suelo

La calidad del suelo es un factor determinante para el crecimiento de las plantas endémicas. Mejorar su capacidad de drenaje y retención de agua asegura un equilibrio adecuado entre el aire, el agua y los nutrientes disponibles para las raíces.

---

1. Evaluación Inicial del Suelo

Antes de implementar técnicas, es fundamental evaluar las características del suelo:

- **Textura**: Determinar si es arenoso, arcilloso o limoso.
- **Capacidad de drenaje**: Observar la velocidad de absorción del agua.
- **Nivel de compactación**: Evaluar si las raíces pueden penetrar fácilmente.

---

2. Técnicas para Mejorar el Drenaje

En suelos con tendencia a encharcarse, es importante evitar la acumulación excesiva de agua.

A. Incorporación de Materiales Orgánicos

- Añadir compost o humus para mejorar la estructura del suelo.
- Promueve una mezcla equilibrada de aire y agua.

B. Uso de Arena o Grava

- En suelos arcillosos, mezclar arena gruesa o grava para aumentar la permeabilidad.
- Esto facilita que el agua fluya y evita el estancamiento.

C. Construcción de Canales de Drenaje

- Diseñar zanjas o canales en terrenos con pendiente para desviar el agua.
- Ideal para evitar la erosión en zonas con lluvias intensas.

D. Plantación en Camas Elevadas

- Construir camas elevadas con materiales bien drenados.
- Asegura que las raíces no estén en contacto directo con agua estancada.

---

3. Técnicas para Mejorar la Retención de Agua

En suelos arenosos o con baja capacidad de retención, es importante evitar que el agua se filtre demasiado rápido.

A. Uso de Hidrogeles

- Incorporar polímeros absorbentes de agua al suelo.
- Estos pueden retener varias veces su peso en agua y liberarla gradualmente.

B. Aplicación de Mulching

- Cubrir el suelo con materiales como paja, corteza de árbol o plástico biodegradable.
- Reduce la evaporación, regula la temperatura del suelo y mejora la retención de humedad.

C. Incorporación de Materia Orgánica

- La materia orgánica como estiércol o compost actúa como una esponja, reteniendo el agua y liberándola lentamente.
- También mejora la fertilidad del suelo.

D. Uso de Suelos Arcillosos en Mezcla

- Mezclar arcilla con suelos arenosos para aumentar la capacidad de retención de agua.
- Esto también proporciona una estructura más estable para las raíces.

---

4. Monitoreo y Mantenimiento

- Verificar regularmente la humedad del suelo para ajustar prácticas.
- Evitar el riego excesivo que puede compactar el suelo o lavar nutrientes esenciales.
- Añadir mantillo o compost regularmente para mantener el equilibrio.

---

5. Prácticas Combinadas

- Diseñar un sistema que combine drenaje efectivo con retención adecuada. Por ejemplo:
    - **Capas de suelo**: Crear una capa inferior de grava para drenaje y una superior con compost para retención.
    - **Riego eficiente**: Implementar sistemas de riego por goteo que aporten agua directa a las raíces.

Evaluación de Costos y Sostenibilidad en la Plantación de Plantas Endémicas

Una planificación adecuada en términos de costos y sostenibilidad es crucial para garantizar el éxito y la viabilidad a largo plazo de un proyecto de plantación. Aquí se presentan los elementos clave para realizar esta evaluación:

1. Identificación de Costos Directos e Indirectos

Costos Directos:

- **Material Vegetal**: Precio de semillas, plántulas o esquejes.
- **Preparación del Suelo**: Costos asociados a maquinaria, mano de obra y enmiendas.
- **Implementación de Sistemas de Riego**: Incluye mangueras, aspersores o sistemas de goteo.
- **Fertilizantes y Mejoradores del Suelo**: Compost, estiércol o fertilizantes químicos.
- **Control de Plagas**: Insecticidas, fungicidas o métodos biológicos.

Costos Indirectos:

- **Capacitación**: Formación del personal en técnicas de plantación y mantenimiento.
- **Transporte**: Gastos para trasladar materiales y plantas al lugar de plantación.
- **Supervisión**: Gastos en monitoreo y gestión del proyecto.

2. Estimación de Costos por Hectárea

El costo por hectárea varía según las características del terreno y el tipo de planta endémica. Un desglose típico podría incluir:

Concepto	Costo Estimado por Hectárea
Preparación del terreno	$5,000 - $10,000
Material vegetal	$8,000 - $12,000
Sistemas de riego	$15,000 - $25,000
Fertilizantes y enmiendas	$3,000 - $5,000
Mano de obra inicial	$10,000 - $15,000
Mantenimiento anual	$7,000 - $12,000

Nota: Los costos son aproximados y deben ajustarse a los precios locales.

3. Estrategias para Reducir Costos

- **Producción de Propio Material Vegetal**: Crear un vivero local para obtener plántulas y reducir gastos.
- **Uso de Recursos Locales**: Aprovechar residuos orgánicos para compost y materiales reciclados para mulching.
- **Mano de Obra Comunitaria**: Involucrar a la comunidad en la preparación y mantenimiento, reduciendo gastos laborales.
- **Tecnología Apropiada**: Implementar sistemas simples y eficientes, como el riego por goteo de bajo costo.

4. Evaluación de Sostenibilidad

A. Sostenibilidad Económica

- Evaluar el retorno de inversión (ROI) a través de beneficios ambientales y económicos.
- Fomentar la venta de productos derivados (como semillas, madera o subproductos).

B. Sostenibilidad Ambiental

- Priorizar técnicas de cultivo que respeten la biodiversidad local.
- Minimizar el uso de fertilizantes y plaguicidas químicos.
- Implementar prácticas de conservación de agua y suelo.

C. Sostenibilidad Social

- Involucrar a la comunidad en el proyecto para garantizar su apoyo y continuidad.
- Ofrecer capacitación en técnicas sostenibles a largo plazo.

5. Plan de Monitoreo y Ajustes

- **Revisión Regular de Costos**: Monitorear los gastos en cada etapa y ajustarlos según sea necesario.
- **Evaluación del Impacto Ambiental**: Medir el éxito del proyecto en términos de mejora del suelo, incremento de biodiversidad y captura de carbono.
- **Análisis de Productividad**: Evaluar la salud y el crecimiento de las plantas para identificar áreas de mejora.

6. Ejemplo de Propuesta

Proyecto de Reforestación con Encinos Endémicos

- **Inversión Inicial**: $50,000 por hectárea.
- **Beneficios a Largo Plazo**: Incremento en biodiversidad, mejora del microclima y potencial para ecoturismo.
- **Estrategia de Sustentabilidad**: Uso de viveros locales, sistemas de riego sostenibles y monitoreo comunitario.

Conclusiones y Recomendaciones sobre la Reforestación con Plantas Endémicas

Conclusiones

1. **Impacto Positivo en el Ecosistema**
   La reforestación con plantas endémicas es una estrategia clave para restaurar ecosistemas degradados, mejorar la biodiversidad y mitigar los efectos del cambio climático. Las plantas nativas se adaptan mejor al entorno local, reduciendo la necesidad de insumos como agua y fertilizantes.
2. **Relevancia de la Planificación**
   Una planificación adecuada, que incluya la evaluación del suelo, el diseño del espacio y la selección de especies, es fundamental para garantizar el éxito del proyecto a largo plazo. Las técnicas de manejo sostenible, como el riego eficiente y el uso de mulching, optimizan los recursos disponibles.
3. **Retos Identificados**
   - **Costos iniciales elevados**: Implementar un proyecto de reforestación requiere una inversión significativa en materiales y mano de obra.
   - **Monitoreo constante**: El mantenimiento es esencial para evitar fallas en la plantación, especialmente en los primeros años.
   - **Amenazas externas**: Plagas, enfermedades y actividades humanas no controladas pueden comprometer el éxito del proyecto.
4. **Beneficios Sostenibles**
   A pesar de los retos, los beneficios ambientales, sociales y económicos a largo plazo superan los costos iniciales. Estos incluyen la restauración del suelo, la captación de agua y carbono, y el fortalecimiento de la conexión comunitaria con su entorno.

Recomendaciones

1. **Fomentar la Educación y la Participación Comunitaria**
   Involucrar a la comunidad en todas las etapas del proyecto asegura su continuidad y éxito. Las capacitaciones regulares en técnicas de plantación y manejo pueden empoderar a los participantes y generar sentido de pertenencia.
2. **Adoptar un Enfoque Adaptativo**
   - Realizar monitoreos periódicos para evaluar el crecimiento y la salud de las plantas.
   - Ajustar prácticas según los cambios en las condiciones climáticas o del suelo.
3. **Implementar Técnicas Sostenibles**
   - Priorizar el uso de recursos locales, como compost orgánico y residuos agrícolas, para reducir costos y minimizar el impacto ambiental.
   - Diseñar sistemas de riego eficientes y sostenibles, como el riego por goteo, para optimizar el uso del agua.
4. **Fortalecer las Alianzas Estratégicas**
   Colaborar con instituciones académicas, gubernamentales y organizaciones no gubernamentales para obtener apoyo técnico y financiero. Esto puede incluir el acceso a subvenciones, herramientas especializadas y programas de capacitación.
5. **Promover la Investigación Local**
   Estudiar continuamente las especies endémicas, sus necesidades y comportamientos en diferentes entornos garantiza mejores resultados en futuros proyectos de reforestación.
6. **Desarrollar un Modelo de Sostenibilidad Económica**
   Crear oportunidades económicas asociadas, como la venta de productos derivados (semillas, plantas o subproductos), ecoturismo o certificaciones ambientales, para financiar el mantenimiento del proyecto.

Cierre

La reforestación con plantas endémicas no solo es una solución ecológica para restaurar espacios naturales, sino también una oportunidad para fortalecer el vínculo entre las comunidades y su entorno. Con una planificación meticulosa y un enfoque sostenible, este tipo de proyectos puede generar un impacto positivo duradero en el medio ambiente y la sociedad.

Resumen de Mejores Prácticas en la Reforestación con Plantas Endémicas

Este resumen sintetiza las estrategias más efectivas para garantizar el éxito de un proyecto de reforestación sostenible y económicamente viable.

1. Evaluación y Planificación Inicial

- **Análisis del Suelo**: Evaluar textura, pH, capacidad de retención de agua y drenaje.
- **Selección de Especies**: Priorizar plantas endémicas adaptadas al clima y al suelo local.
- **Diseño del Espacio**: Considerar la distribución adecuada según las necesidades de las especies y los objetivos del proyecto.

2. Preparación del Terreno

- **Limpieza Controlada**: Remover malezas y residuos sin dañar la biodiversidad existente.
- **Enmiendas Orgánicas**: Incorporar compost, humus o estiércol para mejorar la fertilidad.
- **Sistema de Drenaje**: Implementar zanjas, canales o camas elevadas en terrenos con riesgo de encharcamiento.

3. Técnicas de Plantación

- **Apertura de Hoyos**: Realizar agujeros según el tamaño y las necesidades de cada planta.
- **Uso de Hidrogeles o Mulching**: Retener humedad y proteger el suelo contra la erosión.
- **Plantación en Temporada Óptima**: Aprovechar épocas de lluvias para minimizar el riego inicial.

4. Mantenimiento y Cuidados Posteriores

- **Riego Eficiente**: Implementar sistemas de goteo para optimizar el uso de agua.
- **Poda y Fertilización**: Realizar podas correctivas y aplicar fertilizantes orgánicos según las necesidades.
- **Control de Plagas y Enfermedades**: Usar métodos biológicos y productos ecológicos para proteger las plantas.

5. Prácticas Sostenibles

- **Conservación del Agua**: Implementar técnicas de mulching y sistemas de captación de agua de lluvia.
- **Uso de Recursos Locales**: Aprovechar materiales reciclados y desechos orgánicos como insumos.
- **Involucramiento Comunitario**: Capacitar y colaborar con la comunidad para reducir costos y asegurar la continuidad del proyecto.

6. Evaluación y Ajustes

- **Monitoreo Periódico**: Evaluar el crecimiento, la salud de las plantas y las condiciones del suelo.
- **Adaptación de Técnicas**: Ajustar prácticas según los resultados del monitoreo y las condiciones climáticas.
- **Documentación**: Registrar las actividades y resultados para futuras referencias y mejoras.

7. Beneficios Complementarios

- **Económicos**: Promoción de productos derivados (semillas, madera o ecoturismo).
- **Ecológicos**: Incremento en biodiversidad, restauración del suelo y mitigación del cambio climático.
- **Sociales**: Fortalecimiento del sentido comunitario y generación de conocimiento local.

Perspectivas para la Reforestación a Largo Plazo

La reforestación con plantas endémicas es una herramienta estratégica para mitigar el cambio climático, restaurar ecosistemas degradados y promover un desarrollo sostenible. A continuación, se detallan las perspectivas más relevantes para su implementación y sostenibilidad a largo plazo.

1. Impacto Ambiental Progresivo

- **Restauración de Ecosistemas**: A medida que las especies endémicas maduran, crean hábitats para la fauna local, estabilizan los suelos y mejoran los ciclos hídricos.
- **Mitigación del Cambio Climático**: Las plantas nativas capturan carbono de forma eficiente y ayudan a reducir los efectos del calentamiento global.
- **Mejora de la Calidad del Suelo**: La acumulación de materia orgánica y la reducción de la erosión contribuyen a un suelo más fértil y resiliente.

2. Fortalecimiento de la Resiliencia Comunitaria

- **Empoderamiento Local**: La participación de comunidades en proyectos de reforestación fomenta un sentido de pertenencia y responsabilidad hacia su entorno.
- **Seguridad Alimentaria y Recursos Naturales**: Algunas plantas endémicas pueden proporcionar frutos, semillas o madera, generando beneficios adicionales para la población.
- **Educación Ambiental**: Estos proyectos promueven una mayor conciencia ecológica y fortalecen la conexión entre las personas y la naturaleza.

3. Sostenibilidad Económica

- **Desarrollo de Modelos de Negocio**: La venta de productos derivados (como semillas, aceites esenciales o madera sostenible) puede financiar proyectos a largo plazo.
- **Aprovechamiento del Ecoturismo**: Espacios reforestados pueden convertirse en destinos para actividades recreativas y educativas, generando ingresos para las comunidades.
- **Acceso a Incentivos**: Muchas políticas públicas y programas internacionales ofrecen financiamiento para iniciativas de reforestación sostenible.

4. Innovación Tecnológica

- **Monitorización con Drones y Sensores**: Estos permiten evaluar la salud de los árboles, la biodiversidad y el impacto ambiental en tiempo real.
- **Sistemas de Riego Automatizados**: La integración de tecnologías como el riego por goteo inteligente optimiza el uso de agua.
- **Uso de Hidrogeles y Biofertilizantes**: Productos innovadores que mejoran la retención de agua y la fertilidad del suelo sin afectar el ecosistema.

5. Integración con Políticas Públicas

- **Promoción de Corredores Biológicos**: Vincular áreas reforestadas con ecosistemas naturales para mejorar la conectividad ecológica.
- **Incentivos Fiscales**: Apoyar a propietarios y comunidades que contribuyan a la restauración de ecosistemas.
- **Regulación y Seguimiento**: Establecer normas claras para garantizar que las actividades de reforestación sean efectivas y sostenibles.

6. Retos a Considerar

- **Cambio Climático**: Las alteraciones en los patrones climáticos pueden afectar la viabilidad de ciertas especies.
- **Presión Urbana y Agrícola**: La expansión urbana y las actividades agrícolas descontroladas pueden limitar las áreas disponibles para reforestación.
- **Acceso a Recursos**: La falta de financiamiento continuo puede poner en riesgo proyectos a largo plazo.

7. Recomendaciones Futuras

1. **Diversificar Especies Plantadas**: Incluir una mezcla de plantas endémicas con diferentes funciones ecológicas y económicas.
2. **Fomentar la Investigación Local**: Estudiar cómo las especies endémicas responden a las condiciones cambiantes para ajustar estrategias.
3. **Establecer Programas Educativos**: Sensibilizar a las generaciones futuras sobre la importancia de la conservación y la reforestación.
4. **Crear Redes de Colaboración**: Unir esfuerzos entre comunidades, ONG, gobiernos e instituciones académicas para escalar los proyectos.

Conclusión

Las perspectivas a largo plazo para la reforestación con plantas endémicas son prometedoras, siempre que se combinen técnicas científicas avanzadas, planificación cuidadosa y una gestión sostenible. Este enfoque no solo restaurará ecosistemas, sino que también creará comunidades más resilientes y conectadas con su entorno.

Referencias y Recursos sobre Reforestación con Plantas Endémicas

Para respaldar la información técnica y enriquecer el contenido de tu libro, es importante incluir fuentes confiables y recursos útiles. A continuación, te presento una lista sugerida:

1. Publicaciones Científicas

- **Artículos Académicos**:
    - "Ecosystem Services Provided by Native Plants" en *Ecological Applications*.
    - "The Role of Native Species in Forest Restoration" en *Journal of Applied Ecology*.
    - "Impact of Reforestation with Endemic Plants on Soil Fertility" en *Forest Ecology and Management*.
- **Revistas Especializadas**:
    - *Ecological Restoration Journal*.
    - *Biodiversity and Conservation*.

2. Organizaciones y Proyectos

- **Internacionales**:
    - *United Nations Environment Programme (UNEP)*: Recursos sobre restauración de ecosistemas.
    - *Global Partnership on Forest and Landscape Restoration (GPFLR)*: Herramientas para planificación de proyectos.
    - *FAO*: Manuales sobre prácticas sostenibles en reforestación.
- **Nacionales (México)**:
    - Comisión Nacional Forestal (CONAFOR): Información técnica y programas de apoyo en reforestación.
    - Instituto Nacional de Ecología y Cambio Climático (INECC): Estudios sobre cambio climático y su impacto en la vegetación.
    - Programa de Conservación de Especies en Riesgo (PROCER): Recursos sobre especies endémicas.

3. Libros y Manuales

- **Sobre Reforestación**:
    - "Forest Restoration in Landscapes" por Mansourian y Vallauri.
    - "Manual de Restauración Ecológica" de SER Internacional.
    - "Ecological Restoration Principles and Practices" por Clewell y Aronson.

- **Enfocados en Especies Endémicas**:
  - "Guía para la Propagación de Especies Nativas en México" por CONABIO.
  - "Plantas Nativas de México y su Importancia Ecológica" por SEMARNAT.

4. Recursos Digitales

- **Bases de Datos**:
  - GBIF: Base de datos de biodiversidad global con información sobre especies endémicas.
  - CONABIO: Atlas interactivo de plantas nativas en México.
- **Herramientas Prácticas**:
  - Calculadoras de carbono para evaluar el impacto ambiental.
  - Guías interactivas de riego sostenible y técnicas de poda.

5. Conferencias y Redes de Conexión

- **Eventos Internacionales**:
  - Congreso Mundial de Restauración Ecológica (*Society for Ecological Restoration*).
  - Simposios de biodiversidad organizados por la ONU.
- **Redes de Conexión**:
  - *Red Mexicana de Restauración Ecológica*.
  - *Forest Ecosystem Restoration Alliance (FERA)*.

6. Material Audiovisual y Educativo

- **Videos Informativos**:
  - Documentales sobre restauración ecológica como *The Green Planet*.
  - Tutoriales en YouTube de organizaciones como WWF y CONAFOR.
- **Cursos en Línea**:
  - *MOOC sobre Restauración Ecológica* de universidades como la UNAM o UICN.
  - Programas de capacitación en plataformas como Coursera o EdX.

Fuentes Bibliográficas y Artículos Científicos sobre Reforestación con Plantas Endémicas

A continuación, se presenta una selección de referencias bibliográficas y artículos científicos que puedes utilizar para sustentar el contenido de tu libro. Estas fuentes abarcan temas clave como técnicas de reforestación, el papel de las plantas endémicas, prácticas sostenibles y gestión de ecosistemas.

Libros y Manuales Relevantes

1. **Clewell, A. F., & Aronson, J.** (2013). *Ecological Restoration: Principles, Values, and Structure of an Emerging Profession*. Island Press.
   - Explora los principios fundamentales de la restauración ecológica y su aplicación práctica.
2. **SER International Primer on Ecological Restoration** (2004). *Society for Ecological Restoration.*
   - Guía esencial para proyectos de restauración ecológica basada en principios científicos.
3. **FAO** (2016). *Manual de Reforestación para Ecosistemas Áridos y Semiáridos*.
   - Manual práctico para implementar reforestaciones en condiciones climáticas adversas.
4. **SEMARNAT** (2010). *Manual de Técnicas de Restauración de Ecosistemas Forestales en México*.
   - Proporciona herramientas específicas para restaurar ecosistemas forestales mexicanos.
5. **Newton, A. C., & Tejedor, N.** (2011). *Principios y Prácticas de Restauración Forestal*. CIFOR.
   - Aborda los enfoques científicos y prácticos para la restauración de bosques tropicales.

Artículos Científicos Claves

1. **Hobbs, R. J., & Harris, J. A.** (2001). "Restoration Ecology: Repairing the Earth's Ecosystems in the New Millennium." *Restoration Ecology*, 9(2), 239–246.
   - Un análisis de cómo la restauración ecológica puede enfrentar los desafíos globales actuales.
2. **Chazdon, R. L.** (2008). "Beyond Deforestation: Restoring Forests and Ecosystem Services on Degraded Lands." *Science*, 320(5882), 1458–1460.
   - Detalla el impacto de la restauración forestal en la recuperación de servicios ecosistémicos.

3. **Meli, P., et al.** (2017). "A Global Review of Ecosystem Restoration Programs: The Need for a Better Understanding of Ecological Outcomes." *Restoration Ecology*, 25(1), 6–17.
     - Evalúa programas de restauración a nivel global y sus resultados ecológicos.
4. **Aronson, J., et al.** (2011). "What Role Should Government Regulation Play in Ecological Restoration? Ongoing Debate in Restoration Ecology." *Restoration Ecology*, 19(6), 705–707.
     - Discute el papel de las políticas públicas en la restauración ecológica.
5. **Hernández-Madrigal, V. M., et al.** (2019). "Restauración de Ecosistemas Forestales con Especies Endémicas en México." *Revista Mexicana de Biodiversidad*, 90(1), 54–70.
     - Caso de estudio sobre la efectividad de especies endémicas en proyectos de restauración forestal en México.

Revistas Especializadas

1. *Restoration Ecology*
     - Publica investigaciones sobre técnicas y estrategias de restauración en diferentes ecosistemas.
2. *Ecological Applications*
     - Cubre el impacto ambiental y los servicios ecosistémicos derivados de proyectos de reforestación.
3. *Journal of Applied Ecology*
     - Incluye artículos sobre el manejo de especies endémicas y su contribución a la biodiversidad.
4. *Forest Ecology and Management*
     - Contiene estudios relacionados con la gestión forestal sostenible y la reforestación.

Bases de Datos Científicas

- **PubMed**: https://pubmed.ncbi.nlm.nih.gov/
- **ScienceDirect**: https://www.sciencedirect.com/
- **SpringerLink**: https://link.springer.com/
- **ResearchGate**: https://www.researchgate.net/

Herramientas y Contactos Útiles para Agrónomos

La agronomía, al ser una ciencia práctica y aplicada, se beneficia enormemente de herramientas especializadas y conexiones con organizaciones relevantes. Aquí se presentan opciones tecnológicas, materiales esenciales y contactos estratégicos que pueden ser útiles para profesionales de este campo.

1. Herramientas Tecnológicas

Software de Gestión Agrícola

- **Agroptima**: Permite planificar, gestionar y analizar actividades agrícolas.
- **FieldView**: Plataforma para monitoreo de cultivos y análisis de datos en tiempo real.
- **QGIS**: Herramienta de mapeo y análisis geoespacial gratuita.
- **Taranis**: Ofrece análisis detallados de salud de cultivos mediante imágenes satelitales y drones.

Aplicaciones Móviles

- **Plantix**: Diagnóstico de plagas y enfermedades con inteligencia artificial.
- **AgriApp**: Ofrece consejos técnicos, predicciones climáticas y guías agrícolas.
- **FAO Field Tools**: Incluye calculadoras de fertilización y guías para prácticas sostenibles.

Dispositivos Tecnológicos

- **Drones Agrícolas**: Para monitorear grandes extensiones, evaluar salud del cultivo y optimizar riego.
- **Sensores de Humedad y Fertilidad del Suelo**: Herramientas como los sensores Decagon o Tensiometers miden condiciones críticas para la plantación.
- **Estaciones Meteorológicas Portátiles**: Modelos como Davis Vantage Pro2 son útiles para pronósticos climáticos en zonas rurales.

2. Herramientas Manuales y Mecánicas

Esenciales para Plantación y Mantenimiento

- Azadas, picos y palas de acero inoxidable para trabajo intensivo.
- Motosierras ligeras y podadoras telescópicas para poda de árboles altos.
- Mallas para protección contra plagas y condiciones extremas.
- Fertilizadoras de mano y pulverizadores de presión ajustable.

Para Reforestación Masiva

- Plantadoras automáticas como *Tree Spades* o herramientas tipo *Pottiputki*.
- Sistemas de riego por goteo y tubos exudantes para zonas semiáridas.
- Hidrogeles biodegradables para la retención de agua.

---

3. Contactos y Redes Estratégicas

Organizaciones Nacionales e Internacionales

- **FAO (Food and Agriculture Organization)**: Apoyo técnico y capacitaciones en manejo agrícola sostenible.
  https://www.fao.org
- **Comisión Nacional Forestal (CONAFOR)**: Recursos para reforestación y restauración forestal en México.
  https://www.gob.mx/conafor
- **Society for Ecological Restoration (SER)**: Acceso a recursos y proyectos de restauración ecológica.
  https://www.ser.org
- **Red de Desarrollo Rural Sustentable**: Organización mexicana enfocada en proyectos agroecológicos y educación técnica.

Universidades y Centros de Investigación

- **Colegio de Postgraduados (COLPOS)**: Capacitaciones en reforestación y manejo de ecosistemas.
- **Instituto Nacional de Investigaciones Forestales, Agrícolas y Pecuarias (INIFAP)**: Publicaciones técnicas y programas de mejora agrícola.
  https://www.inifap.gob.mx

Asociaciones Profesionales

- **Asociación Mexicana de Profesionales Forestales (AMPF)**.
- **International Federation of Agricultural Journalists (IFAJ)**: Redes para compartir investigaciones y mejores prácticas.

---

4. Ferias y Eventos Agrícolas

Participar en ferias es una excelente forma de conectar con expertos y conocer las últimas innovaciones:

- **Expo Agroalimentaria Guanajuato**: Innovaciones en agronomía y tecnología agrícola.
- **Congreso Nacional de Reforestación y Restauración Ecológica (CONAFOR)**.
- **AgroExpo Latinoamérica**: Tecnología y soluciones para la producción agrícola sostenible.

5. Material de Capacitación y Recursos Educativos

- **FAO e-Learning Academy**: Cursos gratuitos en línea sobre manejo de suelos, reforestación y prácticas sostenibles.
  https://elearning.fao.org
- **Coursera**: Cursos como "Agricultura Sostenible" y "Restauración de Ecosistemas".
- **Bibliotecas Virtuales**:
  - Biblioteca Digital de CONABIO: Información detallada sobre especies nativas.
  - IRIS (International Rice Information System): Para cultivos específicos y manejo de suelos.

www.ingramcontent.com/pod-product-compliance
Lightning Source LLC
Chambersburg PA
CBHW082107220526
45472CB00009B/2079